COMME UN VOL D'ÉTOURNEAUX

Giorgio Parisi

COMME UN VOL D'ÉTOURNEAUX

avec la collaboration d'Anna Parisi
Traduit de l'italien par Sophie Lem

Flammarion

L'ouvrage original a été publié sous le titre
In un volo di storni par les Éditions Rizzoli.

ISBN : 978-2-0802-8090-9

À ma femme, Daniella Ambrosino,
qui a toujours été à mes côtés.

Comme un vol d'étourneaux

La question des interactions est importante, pour la physique, mais aussi pour mieux comprendre des phénomènes psychologiques, sociaux et économiques. Nous nous sommes en particulier intéressés à la façon dont chaque composante d'un groupe d'oiseaux réussit à communiquer de façon à se déplacer de manière cohérente, faisant émerger une unique entité collective et multiple.

Le comportement collectif des animaux est fascinant à observer, qu'il s'agisse de rassemblements d'oiseaux, de bancs de poissons ou de troupeaux de mammifères.

Au coucher du soleil, des nuées d'étourneaux, que l'on appelle aussi en anglais des *murmurations*, dessinent au-dessus de nos têtes des images fantasmagoriques, un ballet fait de milliers de petites taches noires qui se découpent sur les couleurs changeantes du ciel. Les oiseaux volent dans un ensemble parfait, sans jamais se heurter ou se disperser : devant un obstacle, leurs rangs s'ouvrent puis se referment immédiatement, dans une constante reconfiguration de leur disposition spatiale, comme s'ils obéissaient aux ordres d'un chef d'orchestre invisible.

Nous pourrions rester là à les admirer indéfiniment, tant le spectacle adopte des formes variées et inattendues. Pourtant, même devant la beauté pure, la déformation professionnelle du scientifique prend parfois le dessus et fait naître en lui des questions en cascade. Y a-t-il vraiment un chef d'orchestre ou ce comportement collectif est-il auto-organisé ? Comment l'information peut-elle se propager aussi vite dans toute la nuée, lui permettant de passer quasi instantanément d'une configuration à une autre ? Comment sont distribuées les vitesses et les accélérations des oiseaux ? Par quel miracle changent-ils tous de direction sans se percuter ? De simples règles d'interaction entre les étourneaux suffisent-elles à engendrer des mouvements collectifs aussi complexes et variables que ceux que nous observons dans le ciel de Rome ?

Si vous êtes curieux et que vous voulez obtenir des réponses à vos questions, vous commencerez par chercher : autrefois dans les livres, maintenant sur Internet. Avec un peu de chance, vos explications s'y trouveront ; mais, parfois, vos recherches resteront vaines, tout simplement parce que personne ne connaît la réponse ! Si vous êtes *vraiment* curieux, vous vous demanderez si vous ne devriez pas être celui qui fournit cette fameuse réponse. Personne ne l'a encore découverte, mais cela n'a rien d'effrayant, à bien y réfléchir – après tout, c'est votre travail d'imaginer ou de tenter ce que personne n'a fait avant vous.

Toutefois, il ne s'agit pas non plus de passer votre vie à essayer d'ouvrir des portes blindées dont vous n'avez pas la clé. Avant de vous lancer, vous devez déterminer si vous avez les compétences et les moyens techniques qui vous autoriseront à aller jusqu'au bout. Naturellement, personne ne saurait vous assurer du succès et il vous faudra, métaphoriquement parlant, vous jeter à corps perdu pardessus l'obstacle. Et si l'obstacle est tellement haut que vous ne pouvez qu'y rebondir, mieux vaut laisser tomber.

Les comportements collectifs complexes

Le vol des étourneaux exerçait sur moi une fascination particulière, car il se rattachait directement au fil conducteur qui oriente mes travaux de recherche, mais aussi d'innombrables domaines d'étude de la physique moderne : la compréhension du comportement d'un système constitué d'un très grand nombre de composantes (les acteurs) en interaction. En physique, ces acteurs sont des électrons, des atomes, des spins ou des molécules ; ils présentent des règles de comportement très simples, mais, pris tous ensemble, ils donnent lieu à un comportement collectif beaucoup plus complexe. Depuis le XIXe siècle, la physique statistique tente de répondre à des questions telles que : pourquoi un liquide bout-il ou gèle-t-il à certaines températures ? Pourquoi certaines substances conduisent-elles l'électricité et transmettent-elles efficacement la chaleur (les métaux, par exemple), alors que d'autres sont des isolants thermiques ? Nous avons trouvé les réponses à ces deux questions depuis longtemps, mais d'autres restent encore ouvertes.

Dans tous ces problèmes physiques, nous avions réussi à comprendre de manière quantitative comment un comportement collectif est susceptible d'émerger de règles d'interaction simples entre acteurs individuels. Tout le défi consistait à étendre le champ d'application des techniques de mécanique statistique des éléments inanimés à des animaux comme les étourneaux. Les résultats attendus étaient naturellement d'intérêt pour l'éthologie et la biologie de l'évolution, mais pouvaient aussi à plus long terme aider les sciences humaines à mieux appréhender les phénomènes économiques et sociaux. Dans ces domaines, nous avons là aussi affaire à un grand nombre d'individus qui s'influencent mutuellement, et nous devons comprendre le lien qui existe entre les comportements individuels et les comportements collectifs.

Le grand physicien américain Philip Warren Anderson (prix Nobel en 1977) avait exposé cette idée dans un article provocateur datant de 1972, intitulé « More is different ». Il y affirmait que l'augmentation du nombre des composants d'un système détermine un changement non seulement quantitatif, mais aussi qualitatif : le principal problème conceptuel que la physique devait résoudre était de percer les relations qui existent entre les règles au niveau microscopique et le comportement au niveau macroscopique.

Les murmurations *des étourneaux*

Pour formuler une explication à un phénomène, il faut d'abord le connaître. Dans notre cas, il nous manquait une donnée cruciale : nous devions établir comment les *murmurations* des étourneaux se déplaçaient dans l'espace, une information qui n'était pas disponible à l'époque. En effet, les nombreuses séquences vidéo et autres photographies (que l'on trouve très facilement sur Internet) prises jusque-là avaient été enregistrées à partir d'un seul point de vue, de sorte que toute information tridimensionnelle étaient perdue. D'une certaine façon, nous étions comme les prisonniers dans le mythe de la caverne de Platon, qui ne voient que des ombres bidimensionnelles projetées sur la paroi et sont bien incapables de saisir la nature tridimensionnelle des objets.

Cette difficulté même contribuait à renforcer mon intérêt : l'étude du mouvement des *murmurations* représentait un projet complet. Elle impliquait de concevoir une expérience, de collecter et d'analyser les données, d'écrire des programmes informatiques pour effectuer des simulations et d'interpréter les résultats expérimentaux jusqu'à parvenir à des conclusions solides.

Les méthodes de la physique statistique, depuis toujours mon domaine de recherche, étaient indispensables pour reconstruire en trois dimensions les trajectoires des étourneaux. Néanmoins, ce qui m'attirait en réalité, c'était d'être impliqué dans la conception et la réalisation de la partie expérimentale. Nous, les physiciens théoriques, travaillons avec des concepts abstraits, la plupart du temps loin des laboratoires. Or, pour résoudre un problème réel, il faut maîtriser un grand nombre de variables qui, dans ce cas, allaient du choix des distances focales des objectifs des appareils photo à leur emplacement optimal, de la capacité de stockage des données aux techniques d'analyse. Chaque détail détermine le succès ou l'échec d'une expérience. Lorsque vous raisonnez « sur papier », vous n'imaginez pas tous les obstacles que vous rencontrerez « sur le terrain ». Voilà pourquoi je n'ai jamais aimé rester trop longtemps éloigné des laboratoires.

Les étourneaux sont des animaux extrêmement intéressants. Il y a des siècles, ils vivaient en Europe du Nord durant les mois chauds et hivernaient en Afrique du Nord. Or, non seulement les températures hivernales ont augmenté en raison du réchauffement climatique, mais nos villes sont aussi devenues nettement plus étouffantes, tant en raison de leur extension que de la présence de multiples sources de chaleur (chauffage domestique, trafic). De nombreux étourneaux ne traversent plus la Méditerranée et hivernent dans diverses villes côtières d'Italie, dont Rome, où les hivers sont plus doux qu'autrefois.

Bref, les étourneaux arrivent début novembre et repartent début mars. Ils sont plutôt ponctuels dans ces déplacements : le moment de migrer ne dépend probablement pas tant de la température que de paramètres astronomiques, comme la durée du jour. À Rome, ils trouvent des arbres à feuilles persistantes qui les abritent du vent la nuit ; le jour, comme la nourriture est rare en ville, ils se déplacent par petites bandes d'une centaine d'individus pour chercher de quoi manger dans la campagne au-delà du périphérique.

Ce sont des animaux sociaux habitués à vivre en groupe. Lorsqu'ils se posent dans un champ, une moitié grappille tranquillement de-ci de-là, tandis que l'autre se poste le long du périmètre pour surveiller l'arrivée éventuelle d'un prédateur ; quand ils passent au champ suivant, les rôles s'inversent. Le soir, ils regagnent la chaleur de la ville et, avant de nicher dans les arbres, ils forment des rassemblements impressionnants qui virevoltent dans le ciel de la capitale. Les étourneaux restent malgré tout des animaux sensibles au froid hivernal : après une nuit de tramontane, ce vent du nord glacial et souvent violent, il n'est pas rare de trouver leurs petits corps figés sous les arbres, incapables de leur fournir un abri suffisant. Le choix d'un bon dortoir est ainsi une question de vie ou de mort. Les chorégraphies aériennes du soir sont très probablement une sorte de signal visible de loin, qui sert à indiquer la présence d'un lieu approprié où passer la nuit ;

un peu comme si l'on agitait un immense drapeau de signalisation extrêmement voyant.

Par un clair crépuscule d'hiver, j'ai moi-même observé à l'œil nu les évolutions de *murmurations* à une bonne dizaine de kilomètres de distance : de petites taches grisâtres dont le mouvement évoquait celui d'amibes, sur un ciel où s'attardait encore une fine bande blanche lumineuse juste au-dessus de l'horizon. Les premiers petits groupes arrivés de la campagne se sont mis à danser de plus en plus frénétiquement, à mesure que la lumière diminuait. Peu à peu, les retardataires les ont rejoints, finissant par dessiner des nuées composées de milliers d'individus. Une demi-heure après le coucher du soleil, alors que la lumière avait déjà disparu, ces derniers ont brutalement fondu sur les arbres du dortoir, lesquels les ont avalés comme un gouffre engloutit parfois un cours d'eau.

Souvent, le faucon pèlerin rôde non loin des étourneaux, à la recherche de son dîner. Il passe inaperçu la plupart du temps : toute l'attention se concentre sur les étourneaux, et seuls ceux qui sont à l'aguet finissent par le repérer. Le faucon a beau être un rapace d'un mètre d'envergure, qui atteint en piqué plus de 200 kilomètres/heure, les étourneaux ne sont pas pour autant des proies faciles pour lui. Une collision en plein vol pourrait fracturer les ailes fragiles du chasseur, pour une issue fatale. Celui-ci n'ose donc pas s'aventurer au milieu de la nuée : il tente d'attraper les oiseaux isolés volant sur les bords.

Comment les étourneaux réagissent-ils à l'attaque d'un faucon ? Tout simplement en se rapprochant les uns des autres, en resserrant les rangs et en changeant rapidement de direction pour échapper aux serres fatales. Certaines des évolutions les plus spectaculaires des étourneaux sont ainsi provoquées par les attaques du faucon pèlerin, qui doit effectuer plusieurs tentatives avant de réussir à attraper une proie. De nombreux comportements des étourneaux sont probablement liés à la nécessité d'esquiver ces redoutables assauts.

L'expérience

Revenons à notre projet. La première difficulté était de reconstruire un film en 3D, en combinant plusieurs photos prises en rafale de façon à obtenir une image tridimensionnelle d'un *murmuration* et de sa forme. En théorie, rien de plus facile. Le problème semblait pouvoir être résolu de manière simple : nous savons tous que, pour voir en 3D, il suffit de disposer de deux yeux.

Regarder une scène simultanément à partir de deux points de vue différents, même s'ils sont aussi proches que nos yeux, permet en effet au cerveau de « calculer » la distance d'un objet et donc de construire des images tridimensionnelles. Borgne, on perd la notion de profondeur d'une image. Vous pouvez facilement en faire l'expérience en fermant un œil et en essayant de saisir avec une seule main un objet placé devant vous : vous le chercherez plus loin ou plus près qu'il ne l'est en réalité. Si vous essayez de jouer au tennis ou au ping-pong avec un œil bandé, vous êtes sûr de perdre. Toutefois, ce système binoculaire ne fonctionne efficacement qu'à une condition : vous devez être en mesure d'identifier un même oiseau tant sur les photos prises par l'appareil de droite que sur celles capturées par l'appareil de gauche, ce qui tend à devenir cauchemardesque si des milliers d'oiseaux composent chaque image !

En somme, nous avions clairement du pain sur la planche. Dans la littérature scientifique, certaines études avaient réussi à reconstruire en 3D des photos comportant un maximum de vingt animaux, en procédant manuellement à leur identification. Or nous voulions reconstruire plusieurs milliers de photos, avec quelques milliers d'oiseaux sur chacune d'entre elles. Il était évident que cette tâche ne pouvait être assurée manuellement et qu'il fallait déléguer l'identification à l'ordinateur.

Se lancer à corps perdu dans une entreprise sans être correctement préparé mène droit au désastre. Nous avons donc constitué un groupe qui comprenait non seulement des physiciens (mon professeur Nicola Cabibbo et moi-même, ainsi que deux de mes meilleurs étudiants, Andrea Cavagna et Irene Giardina), mais aussi deux ornithologues (Enrico Alleva et Claudio Carere). Avec le regretté économiste Marcello De Cecco et d'autres groupes européens, nous avons sollicité un financement auprès de la Communauté européenne en 2004. Notre demande a été acceptée : nous avons pu lancer le projet, recruter des étudiants de deuxième cycle et des doctorants, et acheter du matériel.

Nous avons installé nos appareils photo sur le toit du Palazzo Massimo. Le bâtiment abrite le magnifique Musée national romain et donne sur la place de la gare Termini, que les étourneaux avaient élue, à l'époque (les premières données ont été recueillies entre décembre 2005 et février 2006), comme l'un de leurs dortoirs préférés. Notre choix s'était porté sur des appareils photo haut de gamme disponibles dans le commerce, car la définition des caméras était encore trop faible. Deux appareils placés à une distance de 25 mètres nous permettaient de déterminer la position relative de deux étourneaux à quelques centaines de mètres de nous avec une précision spatiale d'environ 10 centimètres : cette précision était suffisante pour distinguer des étourneaux volant à environ 1 mètre de distance. Nous avions ajouté un troisième appareil à quelques mètres de l'un des deux premiers, qui a été très utile lorsque deux oiseaux étaient superposés dans le champ de l'un des deux appareils principaux : ce troisième cliché a été d'une aide déterminante dans plusieurs cas où la reconstruction s'est avérée particulièrement délicate.

Du point de vue temporel, les trois appareils se déclenchaient simultanément avec une précision d'une milliseconde (nous avons dû construire un dispositif électronique simple pour les synchroniser), et ce cinq fois par seconde. En réalité, deux appareils couplés avaient été installés à chaque emplacement, qui prenaient des photos à tour de rôle, de manière à doubler la fréquence des images : nous obtenions donc 10 images par seconde. Au fond, nous n'étions pas tellement en deçà de la cadence d'acquisition d'une caméra qui enregistre normalement 25 à 30 images par seconde. Nous utilisions des appareils photo, mais nous obtenions en fin de compte de petits films.

Je laisse de côté tous les problèmes techniques liés à l'alignement des appareils (réalisé à l'aide du fil tendu d'une ligne de pêche), à la mise au point et à la calibration, ainsi qu'au stockage rapide de la colossale quantité d'informations recueillie, plus de cent mégaoctets par seconde d'enregistrement…

Si nous avons fini par réussir, c'est aussi grâce à la ténacité d'Andrea Cavagna, à qui j'avais bien volontiers cédé la direction des opérations : c'est un meilleur organisateur que moi, et j'étais de surcroît distrait par de nombreuses autres tâches.

Évidemment, il ne fallait pas seulement obtenir des films 3D, une opération déjà très exigeante d'un point de vue technique, mais aussi reconstruire dans la foulée les positions tridimensionnelles des étourneaux. Dans les salles de cinéma 3D, cette opération s'effectue automatiquement : chaque œil voit ce qui a été filmé par une machine, et notre cerveau, formaté par des millions d'années de sélection naturelle, est tout à fait capable d'arriver à une vision tridimensionnelle en localisant les objets qu'il observe dans l'espace. Dans notre cas, nous devions effectuer une tâche similaire à l'aide d'algorithmes sur un ordinateur, ce qui constituait la seconde partie du défi.

Nous avons déployé tout notre arsenal d'analyses statistiques, de probabilités, d'algorithmes mathématiques sophistiqués… Pendant de longs mois, nous avons craint de ne pas y arriver : parfois, on s'attaque à un problème trop difficile et on rentre bredouille (et il est impossible de le savoir à l'avance). Heureusement, grâce à un travail acharné, après avoir forgé les outils mathématiques dont nous avions besoin, nous avons trouvé des stratégies pour venir à bout des difficultés l'une après l'autre et, moins d'un an après avoir pris les premières photos de qualité, nous avions reconstruit les positions tridimensionnelles des premières images.

L'étude du vol

Si le comportement des étourneaux relève évidemment du domaine de la biologie, l'étude quantitative des mouvements tridimensionnels des individus nécessite une analyse qui ne peut être menée que par des physiciens. L'analyse simultanée de milliers d'oiseaux sur des centaines de photos visant à reconstruire les trajectoires de chaque oiseau dans l'espace et le temps est une activité typique dans notre métier. Les techniques employées ont beaucoup en commun avec celles qui ont été développées pour résoudre des problèmes de physique statistique ou pour traiter des quantités significatives de données expérimentales.

Toujours est-il qu'après deux ans de travail ou presque, nous étions les seuls au monde à disposer d'images tridimensionnelles de nuées d'étourneaux. Rien qu'en les observant, nous avons appris beaucoup de choses. Lorsqu'on regarde un *murmuration* d'étourneaux à l'œil nu depuis le sol, l'une de ses caractéristiques les plus impressionnantes est la rapidité avec laquelle leur forme change subitement. Décrire cela à quelqu'un qui n'a jamais admiré ce spectacle relève de la gageure : des objets de formes variées évoluent dans le ciel, deviennent soudainement plus petits, plus plats, puis s'élargissent à nouveau, se modifient, deviennent presque invisibles, puis plus sombres. Bref, une impressionnante variation de forme et de densité.

Les nombreuses simulations de vol qui tentaient de reproduire ce comportement sur ordinateur prenaient comme point de départ des nuées de forme globalement sphérique. Cependant, les premières photos tridimensionnelles nous ont montré qu'un *murmuration* ressemble plutôt à un disque. C'est précisément pour cette raison que sa forme change aussi vite à nos yeux : un objet dessinant un disque, selon la direction à partir de laquelle il est observé, peut devenir très grand et rond lorsqu'il est vu à plat ou beaucoup plus étroit lorsqu'il est observé de côté. La vaste et fulgurante variation de forme et de densité peut donc être reliée à l'effet tridimensionnel du changement d'orientation de la nuée par rapport à l'observateur (cette explication avait été avancée par Nicola Cabibbo avant toute expérience, mais, sans les données, nous ne pouvions pas démontrer que cette intuition était correcte).

Nous avons en revanche été très surpris de découvrir que la densité au bord du *murmuration* est supérieure de presque 30 % par rapport à la densité en son centre. Dit autrement, les étourneaux volent plus proches les uns des autres lorsqu'ils se trouvent près du bord que lorsqu'ils sont au centre : un peu comme dans un autobus bondé où la foule est parfois plus dense près des portes, où se pressent les personnes qui viennent tout juste de monter, celles qui veulent descendre et celles qui souhaitent rester à bord. Si nous considérons de façon simpliste les oiseaux d'un *murmuration* comme des particules qui s'attirent, nous nous attendons à ce que la densité soit plus forte au centre et plus faible sur les bords ; or c'est l'inverse qui se produit.

Les *murmurations* ont également des bords très définis, et il est rare qu'un oiseau s'éloigne du groupe. Selon toute probabilité, ce comportement a une origine biologique et sert à se protéger des attaques des faucons pèlerins. Un oiseau isolé est en effet une proie facile ; plus les oiseaux sur le bord volent près les uns des autres, plus le faucon aura du mal à en capturer un. Ceux qui se trouvent sur le pourtour du *murmuration* ont donc tendance à se rapprocher pour se défendre, alors que leurs pendants au centre n'ont pas besoin de se tasser pour se sentir davantage en sécurité : ils sont déjà protégés par leurs congénères à la périphérie.

Toujours en regardant les premières photos, nous avons découvert que chaque oiseau tend à maintenir une distance plus grande avec celui qui vole devant ou derrière lui qu'avec ceux qui volent à ses côtés, un peu comme les voitures sur une autoroute : il est tout à fait normal que deux véhicules roulent sur leur voie à quelques mètres de distance latérale, alors qu'il est absolument déconseillé de suivre à seulement 2 mètres de distance la voiture qui vous précède.

Cette tendance des étourneaux à maintenir un écart plus important avec leurs congénères qui volent devant eux qu'avec ceux qui volent sur leurs côtés s'observe aussi bien dans les groupes compacts (avec une distance moyenne d'environ 80 centimètres) que dans les masses beaucoup plus clairsemées (avec une distance moyenne d'environ 2 mètres). Ce phénomène ne dépend donc pas de la densité des nuées. On peut aussi raisonnablement conclure qu'il n'est pas lié à un problème de dynamique – comme c'est le cas pour les avions, qui doivent respecter des distances de sécurité pour éviter les turbulences créées par les autres appareils –, sinon l'effet serait bien moins marqué lorsque les oiseaux sont plus éloignés les uns des autres. Le phénomène est dû en réalité à la façon dont les étourneaux s'orientent les uns par rapport aux autres, afin de maintenir leurs trajectoires tout en évitant les collisions.

Quelque chose de nouveau

Cette caractéristique de la position des étourneaux nous a conduits à un résultat tout à fait inattendu : l'interaction entre les étourneaux ne dépend pas tant de la distance qui les sépare que de la connexion entre les oiseaux les plus proches. Voilà qui semble naturel : si je suis en train de courir avec des amis et que le peloton tourne à droite, pour tenir la cadence, mon attention se concentrera sur la personne qui court le plus près de moi, qu'elle soit à 1 mètre ou à 2 mètres, et ce que fait un autre sportif un peu plus loin ne m'importe guère. Avec le recul, cela paraît assez évident. Mais, en physique et en mathématiques, l'effort nécessaire pour comprendre quelque chose de nouveau pour la première fois est absolument disproportionné par rapport à la simplicité et au naturel du résultat, une fois franchies les différentes étapes pour y arriver. Dans le produit fini, en science comme en poésie, on ne trouve plus trace du dur labeur du processus créatif, des doutes et des hésitations qui l'accompagnent.

En physique, depuis la loi de la gravitation universelle de Newton (« la force de gravitation entre deux corps est inversement proportionnelle au carré de la distance qui les sépare », cela vous rappelle quelque chose ?), les interactions qui dépendent de la distance sont monnaie courante. Il ne vous vient pas à l'esprit que la distance puisse jouer un rôle marginal dans la détermination de la valeur de l'interaction, tant que les données expérimentales ne vous lancent pas ce résultat à la figure !

Comment cela s'est-il passé dans notre cas ? Nous avons d'abord exprimé quantitativement nos observations précédentes, qui portaient sur la tendance des oiseaux à maintenir une plus grande « distance de sécurité » avec leurs compagnons volant devant eux qu'avec ceux volant sur les côtés. Ce faisant, nous avons défini une quantité que nous avons appelée *anisotropie* (en physique, une grandeur est anisotrope si elle prend des valeurs différentes dans des directions spatiales différentes). Dans une séquence de photos d'un *murmuration* donné, lorsque nous mesurions l'anisotropie de deux oiseaux voisins, nous trouvions une valeur élevée, tandis que, pour des animaux éloignés, cette valeur était pratiquement nulle. Jusque-là, tout était conforme à nos prévisions : nous nous attendions à ce que deux oiseaux éloignés ne disposent pas d'informations sur leur position réciproque, et il était logique qu'il n'y ait pas de différence entre les distances latérales et frontales.

Les problèmes sérieux sont apparus lorsque nous avons comparé l'anisotropie de deux oiseaux situés à la même distance l'un de l'autre, anisotropie mesurée dans des séquences photographiques différentes. Plus rien ne collait : l'anisotropie pour des oiseaux volant à 2 mètres de distance était parfois très élevée, tandis que, dans d'autres séries de photos, l'anisotropie à la même distance était complètement négligeable. Les données semblaient n'avoir aucun sens. Nous avons fini par nous rendre compte que comparer le comportement de deux oiseaux situés certes à la même distance, mais dans des nuées différentes, ne fonctionnait pas parce que la distance entre les oiseaux les plus proches peut varier considérablement d'un *murmuration* à l'autre.

C'est alors que nous avons changé notre angle d'attaque : pour chaque oiseau, nous avons défini son premier voisin, c'est-à-dire l'étourneau le plus proche, puis son deuxième voisin, son troisième voisin, etc. Nous avons constaté que l'anisotropie était élevée entre les premiers voisins, plus faible entre les deuxièmes et devenait pratiquement nulle entre les septièmes. À première vue, on pourrait avoir le sentiment que cette observation n'apporte pas plus d'informations que l'analyse précédente :

l'anisotropie diminue avec la distance. Toutefois, les choses changent lorsque l'on compare différents *murmurations* : l'anisotropie était identique pour toutes les paires de premiers voisins, même si la distance moyenne entre les deux oiseaux était plus de deux fois plus grande dans un *murmuration* que dans l'autre. À ce stade, l'effort intellectuel à fournir n'était plus très grand ; les données nous obligeaient à supposer une interaction entre les oiseaux qui ne dépendait pas de la distance absolue entre couples, mais bien des rapports relatifs des distances.

C'était là le résultat de nos premiers travaux en 2008. Depuis lors, beaucoup d'eau a coulé sous les ponts du Tibre. La composition du groupe de recherche a changé, j'ai commencé à travailler à plein temps sur les verres, de nouveaux financements ont été trouvés, et des équipements beaucoup plus performants ont pu être acquis : des appareils capables de prendre jusqu'à 160 images de 4 mégapixels par seconde étaient en effet apparus sur le marché.

Il y a eu beaucoup de travail, de nouvelles idées, des algorithmes inédits ; il est maintenant possible de déterminer avec une précision de quelques centièmes de seconde le moment où chaque oiseau commence à virer, lorsque la nuée change de direction. Presque toujours, un petit groupe qui se trouve sur un côté commence à tourner, et tous les oiseaux suivent en un laps de temps extrêmement court – de l'ordre de quelques dixièmes de seconde pour les petits groupes et d'un peu plus d'une seconde pour les grands groupes. Au terme d'une longue analyse des données et de délicates considérations théoriques, il est apparu que le comportement quantitatif de la nuée, même pendant un virage, peut être décrit de manière très détaillée : les oiseaux suivent des règles simples, qui ont été reconstituées à partir des mesures effectuées, et se déplacent en se réglant sur la position de leurs voisins. Les informations sur le changement de direction passent rapidement d'un oiseau à l'autre, une sorte de bouche-à-oreille rapide.

Nos recherches ont bouleversé le paradigme adopté jusque-là par les études portant sur les nuées, les bancs de poissons ou les troupeaux. Avant, il était généralement admis que l'interaction dépendait de la distance. Suite à la publication de nos travaux, il est apparu crucial de prendre en compte que l'interaction a toujours lieu avec les individus les plus proches. Mais le résultat le plus impressionnant a sans doute été de fournir la preuve concrète qu'il était possible de tracer simultanément la position de milliers d'oiseaux et d'en extraire des informations utiles pour décrypter le comportement des animaux.

Nous avons pu réussir cette percée scientifique parce que nous avons déployé des techniques quantitatives pour l'étude statistique du comportement d'un groupe d'animaux très nombreux. Nous avons établi de nouvelles normes d'investigation en utilisant des techniques biologiques qui ont été forgées et développées par la physique statistique pour résoudre des problèmes difficiles et complexes. Tous les biologistes n'ont pas apprécié cette intrusion sur leur terrain de jeu : certains se sont montrés très intéressés par nos conclusions, tandis que d'autres ont jugé notre enquête trop pauvre du point de vue biologique et trop riche du point de vue mathématique ! Notre article a été refusé par les responsables de plusieurs revues, qui ont dû s'en mordre les doigts : cette première contribution a été citée dans près de deux mille publications scientifiques et a été suivie de nombreuses autres.

La biologie traverse une période d'intense transformation : l'exploitation d'une quantité de données qui croît jusqu'à la démesure rend le recours à des méthodes quantitatives non seulement souhaitable, mais nécessaire. Ces méthodes peuvent être employées à bon escient ou de manière inappropriée, ce qui dépend beaucoup du contexte. En éthologie (l'étude du comportement animal) en particulier, un excès de mathématiques suscite souvent une réaction négative. Les éthologues cherchent en effet à établir le pourquoi de certains comportements, et l'on pourrait penser que les méthodes quantitatives sont purement descriptives et n'ont rien à apporter à ce domaine de recherche.

L'esprit qui règne dans les disciplines scientifiques change au fil des ans, mais cette évolution passe par des discussions passionnées pour définir les méthodologies scientifiques pertinentes et celles qui doivent être rejetées, car incapables de répondre aux véritables questions de la discipline. Max Planck, le fondateur de la mécanique quantique, affirmait non sans cynisme : « Une nouvelle vérité scientifique ne triomphe pas en convainquant ses adversaires et en leur faisant entrevoir la lumière, mais plutôt parce que ses adversaires finissent par mourir et qu'une nouvelle génération grandit, à qui cette vérité est familière. » Je suis plus optimiste que Planck : je pense qu'avec beaucoup de bonne volonté et de patience, il est possible, dans la plupart des cas, de parvenir à des conclusions communes, ou du moins à clarifier les points de désaccord.

Faire de la physique à Rome, il y a cinquante ans

Je m'étais fait l'idée – de façon totalement infondée – que la physique était plus difficile que les mathématiques ; je considérais en conséquence que faire de la physique m'aurait davantage mis à l'épreuve, que le défi aurait été plus grand.

Il est important de préserver la mémoire du passé, surtout dans le domaine scientifique. C'est pourquoi je voudrais évoquer mes premières années à l'université et décrire ce qu'était la physique à l'époque. Je ne suis pas historien : je me limiterai à mes souvenirs, qui sont ceux d'un théoricien intéressé par la physique des particules élémentaires.

Je me suis inscrit à l'université en novembre 1966. À l'époque, les étudiants des deux premières années n'étaient pas autorisés à circuler librement dans l'Institut de physique. Nous y suivions les leçons de physique générale et de physique expérimentale, mais l'accès aux lieux ne nous était concédé que par la porte de derrière, le décorum interdisant que des hordes d'étudiants entrent et sortent par la porte principale, étroitement contrôlée par Agostino, le portier historique de la fac de physique. Doté d'une mémoire formidable, il se souvenait de tout et de tous. Agostino bloquait impitoyablement les premières années et commençait par leur demander ce qu'ils venaient faire à l'Institut. Comme nous n'avions la plupart du temps aucune bonne raison de nous trouver là (sauf lors d'occasions spéciales), il nous renvoyait en nous indiquant énergiquement la porte.

Nous étions environ 400 inscrits en première année, et il n'y avait pas de micro dans l'amphithéâtre : les professeurs devaient crier pour être entendus. Les leçons de physique générale, de loin le cours le plus important et le plus formateur, étaient données une année par Edoardo Amaldi, la suivante par Giorgio Salvini. Je suis tombé sur Salvini, un vrai *showman*, contrairement à Amaldi, qui était plus posé. Salvini est arrivé un jour avec une chaise pivotante sous le bras : il s'est assis et a commencé à tourner sur lui-même rapidement, jambes soulevées, un lourd haltère en fer dans chaque main, pour nous faire constater qu'il tournait plus vite quand il repliait ses bras et ralentissait quand il les ouvrait. Les patineurs connaissent bien ce phénomène : on commence une pirouette les bras ouverts et on les ramène à soi pendant la rotation. La leçon s'est terminée par l'énoncé de la loi de conservation du moment cinétique, qui expliquait le phénomène observé.

Nous avions le droit d'emprunter la porte principale pour nous rendre au laboratoire de physique expérimentale, la *Fisichetta* ou « petite physique », appelée ainsi pour la distinguer de la physique générale, connue sous le nom de *Fisocona*, la « grande physique ». Les travaux pratiques se déroulaient dans un dédale de salles souterraines au sol cimenté, particulièrement humides dans mon souvenir. Chaque salle était dédiée à une expérience différente : pression atmosphérique, chute d'un corps sur un plan incliné avec friction faible, mesure de l'énergie nécessaire pour faire fondre la glace… Nous nous y rendions par groupes de trente : il y avait dix tables par salle et trois personnes par table, un trinôme établi pour toute l'année universitaire. Dans de telles conditions, il était rare de rencontrer les étudiants plus avancés : nous n'avions aucun contact avec ceux qui n'étaient pas de notre année.

Le Sessantotto

L'année 1968 a tout changé. Pas seulement à l'université, mais dans l'ensemble de la politique en Italie, en Europe et dans le monde ; une énorme radicalisation politique de la société en a découlé, qui a eu des répercussions sur les mœurs. Des personnes qui venaient, comme moi, de milieux de droite modérée, où l'on votait traditionnellement pour le parti libéral ou les démocrates-chrétiens, se sont retrouvées tout à trac dans une situation de conflit social et se sont tournées vers les idées marxistes. L'histoire du mouvement de 1968, de ses causes et de ses effets a fait couler beaucoup d'encre, je n'y reviendrai donc pas. Mais je voudrais tout de même relater ici quelques épisodes qui ont pour théâtre l'Institut de physique.

Pour moi, tout a commencé par une assemblée dans le grand amphithéâtre rempli à bloc (il y avait deux fois plus de participants que les 300 places théoriquement disponibles). L'assemblée a duré tout l'après-midi, jusqu'à neuf heures du soir, heure à laquelle une motion d'occupation a été mise au vote et adoptée avec une large majorité (de deux contre un, je crois). Avec cette décision – la nôtre –, la responsabilité de ce qui se passait à l'Institut de physique venait de retomber sur nos têtes, y compris sur celles des étudiants qui étaient contre, mais qui, en votant « non », avaient reconnu la légitimité du processus, quel qu'en fût le résultat.

Lorsque le député d'extrême droite Caradonna fit irruption dans l'université accompagnée d'escouades néofascistes, toutes armées de longs bâtons bien solides enveloppés dans des drapeaux italiens, le directeur de l'Institut, Giorgio Careri, totalement dépassé par les événements, ne pensait plus qu'à préserver d'un incendie la bibliothèque, qui se trouvait au deuxième étage du département de physique. Et comment lui donner tort, sachant que tous les extincteurs avaient été transportés à la faculté des Lettres pour repousser les assaillants ? Careri s'est approché des étudiants qui montaient la garde à la porte de l'Institut, leur a fait part de ses inquiétudes et a conclu : « Si l'inévitable doit se produire, faites en sorte qu'il se produise au premier étage. »

Une fois la période des occupations passées, toutes les barrières entre les étudiants des différentes années étaient tombées, ainsi qu'entre ceux-ci, les assistants et les jeunes professeurs. Il s'ensuivit une forte socialisation entre les multiples composantes du monde académique : à cette occasion, j'ai par exemple découvert que l'un de nos professeurs, Paolo Camiz, se produisait au Folkstudio avec un savoureux répertoire de chansonnier français (que l'on peut aujourd'hui facilement écouter sur YouTube).

Deux salles étaient à notre disposition pour consulter les livres. Dans l'une, tapissée de rangées de collections décennales de revues scientifiques, régnait un silence respectueux ; l'autre était beaucoup plus bruyante : les gens parlaient, riaient, jouaient même au bridge en fin d'après-midi (la *briscola* ou le *scopone* n'étaient pas considérés comme des jeux suffisamment sérieux pour des physiciens). L'Institut était beaucoup plus animé qu'aujourd'hui ; le soir, après neuf heures, une arrière-porte s'ouvrait pour laisser entrer les étudiants qui travaillaient et ne pouvaient pas venir dans la journée.

De mon point de vue, c'était un monde infiniment plus jeune que ne l'est aujourd'hui la faculté de physique. J'étais moi-même plus jeune de plus de cinquante ans et, naturellement, je fréquentais des gens plus jeunes que ceux que je fréquente aujourd'hui, mais l'Institut de physique était vraiment, objectivement, plus jeune. À cette époque, Edoardo Amaldi, le pape de la physique italienne, parfois affectueusement appelé *il Babbo*, « papa », avait 60 ans. En dessous d'Amaldi, les chaires principales étaient occupées par Giorgio Salvini, Marcello Conversi, Giorgio Careri et Marcello Cini, tous âgés de moins de 50 ans et sans le moindre doute plus jeunes que les professeurs actuels.

Nicola Cabibbo était arrivé à La Sapienza en 1966. Professeur titulaire à l'âge de 31 ans, il était auréolé de gloire pour sa théorie des interactions faibles fondées sur l'« angle de Cabibbo », une découverte pour laquelle il aurait très bien pu obtenir un prix Nobel. C'était le fer de lance de toute la physique théorique italienne : en 1968, il avait 33 ans, le même âge que Francesco Calogero, qui a été le récipiendaire du prix Nobel de la paix en 1995 au titre du mouvement Pugwash, une organisation non gouvernementale dont il était le secrétaire général et qui visait à promouvoir un développement scientifique compatible avec une situation mondiale pacifique.

De nombreux professeurs assistants en physique théorique étaient encore plus jeunes et ne dépassaient pas la trentaine. Il y avait évidemment des personnes plus âgées, comme Enrico Persico, qui est malheureusement mort en 1969 avant de fêter ses 69 ans. Je n'avais toutefois que peu de contacts avec eux, car l'essentiel de l'enseignement était dispensé par des professeurs quadragénaires, une situation bien différente de celle que nous connaissons de nos jours.

Une explication historique vient conforter les impressions du jeune étudiant que j'étais. Dans les années 1950, l'université italienne a connu une véritable explosion, pour devenir l'université de masse qu'elle est aujourd'hui. La physique, en particulier, s'est fortement développée et bénéficiait de financements très importants, notamment grâce à Amaldi, qui a été le premier secrétaire général du CERN (le Conseil européen pour la recherche nucléaire) : l'activité de recherche était complètement internationalisée, et le prestige dont on jouissait en Italie était celui que l'on récoltait à l'étranger. Les anciennes hiérarchies qui perduraient dans d'autres instituts ou facultés (les fameux « barons ») avaient perdu leur pouvoir à la Faculté de physique, et les meilleurs scientifiques accédaient rapidement au sommet de l'échelle académique (je suis ainsi devenu professeur des universités à l'âge de 32 ans). On vous proposait un poste permanent quelques années après l'obtention de votre diplôme. Lorsque j'ai commencé à travailler aux Laboratoires nationaux de Frascati en 1970, à l'âge de 22 ans, deux de mes amis, Aurelio Grillo et Sergio Ferrara, avaient 25 ans et étaient déjà titulaires. Aujourd'hui, à cet âge, si vous êtes chanceux, vous êtes à mi-chemin de votre doctorat...

Communication scientifique

Nous sommes si habitués à échanger facilement des travaux grâce à Internet ou à passer des appels téléphoniques à un coût quasi nul que nous avons du mal à nous représenter ce qu'étaient les communications scientifiques à l'époque.

Les coups de fil à l'étranger coûtaient une fortune : 1 200 lires la minute pour les États-Unis. Pour donner un ordre de grandeur, mon premier salaire mensuel de chercheur s'élevait à 125 000 lires, l'équivalent d'un appel d'environ une heure et demie ! Les fax n'existaient pratiquement pas : à la fac de physique, il y avait un téléimprimeur (un terminal télégraphique) très lourd, peu commode et peu employé.

Nous n'utilisions le téléphone que dans des cas exceptionnels. L'un des épisodes les plus drôles dont je me souvienne est lié à la découverte de la particule *psi* en novembre 1974. Celle-ci est constituée de deux quarks charmés, et sa découverte a eu une grande influence sur la physique des particules élémentaires, au point qu'on a pu parler de « Révolution de novembre ». La particule a été découverte presque simultanément aux États-Unis dans deux laboratoires différents, et la nouvelle s'est rapidement répandue dans le monde entier. Les physiciens des laboratoires de Frascati se sont rendu compte qu'ils étaient eux aussi en mesure de l'observer. Ils ont immédiatement modifié les paramètres des expériences en cours et, au bout d'une semaine seulement, la particule *psi* était observée en Italie, à l'exultation générale des présents.

C'était un résultat très important ; même s'il avait été obtenu après les Américains et sur la base d'informations issues de leurs expériences, il démontrait les grandes capacités de l'Italie. Il était crucial d'écrire un article pour la revue de physique la plus importante, *Physical Review Letters*, et de le faire paraître dans le même numéro que celui où allaient être publiés les articles américains. Il n'y avait pas de temps à perdre, la revue étant sur le point de boucler le numéro. L'article a été rédigé en toute urgence la fin de semaine suivant la découverte et, pour gagner du temps, il a été transmis par téléphone, une procédure tout à fait inhabituelle. Les figures avec graphiques ont elles aussi été communiquées oralement, en listant les coordonnées des points, une main amie les reproduisant de l'autre côté de l'Atlantique. Les noms des auteurs (une centaine) ont enfin été dictés – et épelés – au téléphone, avec des résultats parfois cocasses. Giorgio Salvini lui-même s'était chargé de cette tâche ; comme il disait toujours « S comme Salvini », il a disparu de la liste des auteurs, son nom étant changé en « S ». Au lieu de « G. Salvini, M. Spinetti », on lit dans la version imprimée « G.S.M. Spinetti ». L'ajout d'un *errata* fut inévitable.

Les collaborations scientifiques étaient l'occasion d'échanger de longues lettres, souvent truffées de formules. En Italie, ce moyen de communication était particulièrement malcommode. Il faut dire que notre service postal fonctionnait fort mal : les lettres envoyées par avion mettaient plus de quinze jours à arriver. Travailler ensemble à distance était quasi impossible ; il fallait être physiquement au même endroit.

C'est dans ce contexte qu'au printemps 1970, Nicola Cabibbo me convoqua avec Massimo Testa, de quelques années mon aîné, pour nous lire une lettre manuscrite que lui avait envoyée Luciano Maiani. Ce dernier avait quitté Rome pour travailler un an à Harvard. Il nous faisait part des résultats qu'il avait obtenus avec Sheldon Glashow et Jean Iliopoulos. La lettre m'est restée en mémoire, du fait du résultat scientifique, d'une grande importance, mais aussi de sa formule finale : « Nous avons jeté le bébé avec l'eau du bain. » En effet, la lettre nous informait que le programme de recherche que Nicola Cabibbo et Luciano Maiani avaient lancé quelques années auparavant pour tenter de calculer l'angle de Cabibbo avait été abandonné. L'angle s'était révélé impossible à calculer, mais, en compensation, la lettre contenait la base de ce qui serait appelé le « mécanisme GIM », d'après les initiales des trois auteurs (Glashow-Iliopoulos-Maiani). Le mécanisme expliquait comment certaines interactions entre particules étaient ou non autorisées. Il prédisait aussi que les courants neutres faibles et les quarks charmés existaient nécessairement, des prédictions qui ont été vérifiées expérimentalement, la première en 1973 et la seconde en 1974, comme nous l'avons vu.

Technologie

La plupart des calculs simples étaient effectués à la main, tout au plus à l'aide d'une règle à calcul que nous gardions à proximité, souvent dans une poche. Cet instrument, que l'on trouve aujourd'hui dans les musées, servait à faire rapidement des multiplications à deux ou trois chiffres et a été supplanté par les calculatrices portables. Je me souviens de ma stupéfaction lorsque j'en ai vu une pour la première fois en 1973 : elle coûtait l'équivalent de mon salaire mensuel.

Les ordinateurs, ou plutôt les calculateurs comme on les appelait, étaient très différents de ceux d'aujourd'hui. Pourtant, ils avaient déjà acquis une caractéristique qui les distingue encore. Un ami cher, un peu plus âgé que moi, Ettore Salusti, me rencontrant dans le couloir un paquet de cartes perforées à la main, m'avait sagement averti : « Fais attention à ce que tu fais : les calculateurs sont malveillants. » La sournoiserie des ordinateurs est un attribut qui, malgré les efforts de générations d'informaticiens, n'a jamais complètement disparu, comme nous le vérifions à nos dépens lorsque notre machine plante invariablement la seule fois où nous n'avons pas sauvegardé le fichier sur lequel nous travaillions !

Le calculateur principal était une puissante machine UNIVAC, accessible uniquement aux techniciens et installée dans le sous-sol d'un bâtiment à quelques centaines de mètres de l'Institut de physique. Sa mémoire, sans compter les disques, était d'environ un dixième de mégaoctet, soit à la louche un millionième de celle de mon téléphone portable. Au deuxième étage, il y avait des machines à clavier – de gigantesques machines à écrire – qui perforaient les cartes contenant les instructions des programmes : chaque carte contenait une ligne comportant un maximum de 80 caractères.

Un terminal trônait au centre de la pièce : nous y insérions les paquets de cartes péniblement composées à l'aide des perforateurs. Le terminal lisait les cartes très rapidement, à raison de quelques dizaines par seconde. Après un laps de temps variable, pouvant aller d'une minute à quelques heures, une imprimante reportait les résultats sur de grandes feuilles de papier. Souvent, on entendait quelqu'un s'exclamer : « *Porca miseria*, j'ai oublié un point-virgule, je vais devoir réécrire la carte et tout recommencer ! »

Il y avait la queue pour insérer les cartes dans le lecteur : certains arrivaient avec de petits paquets d'un peu plus d'une centaine de cartes, d'autres avec des milliers de cartes qu'ils transportaient dans des conteneurs dédiés, des sortes de longs tiroirs. Un jour, un collègue a trébuché et a renversé toutes les cartes qui remplissaient une boîte de plus d'un mètre de long. « L'analyse des données se termine ici », a-t-il soupiré. Il était arrivé plus ou moins aux deux tiers de son travail, mais remettre en ordre les milliers de cartes éparpillées du programme aurait été un casse-tête sans fin. Il a décidé de se contenter des données partielles, a clos sa recherche et est passé à l'étude d'autres problèmes.

Il était inconcevable d'enregistrer les données numériquement par ordinateur : de telles machines n'existaient tout simplement pas, pas plus que les interfaces entre instruments de mesure et ordinateur. Nous avancions en recopiant à la main les données enregistrées par l'instrument. Dans un cas particulier, pour analyser des signaux très rapides, nous avions utilisé l'une des dernières avancées technologiques : une bande de papier thermique qui avançait à un mètre par seconde tandis qu'un stylet chaud transcrivait le signal, exactement comme un électrocardiogramme, mais beaucoup plus rapidement.

En physique des particules, nous nous servions souvent de chambres à étincelles de quelques mètres. Lorsqu'une particule traversait une telle chambre, cela provoquait des étincelles qui permettaient d'en reconstituer la trajectoire. Les étincelles étaient photographiées et leurs coordonnées ensuite enregistrées. Cette opération (le *scanning*) se faisait en projetant les photos sur de grandes tables, où des opératrices manipulaient des bras similaires à des pantographes ; lorsque le bras était au bon endroit, elles appuyaient sur un bouton pour imprimer une carte perforée. Ces dames travaillaient dans une grande pièce au troisième étage et étaient appelées en plaisantant « les *scannatrici* » [1] ; leur tâche fastidieuse était essentielle pour toutes les expériences de physique des particules.

Physique théorique des particules élémentaires

Lorsque j'étais étudiant, la physique théorique des particules élémentaires était le *nec plus ultra*. Plusieurs de mes amis de la promotion qui précédait la mienne, bien que extrêmement talentueux, n'ont pas pu faire leur thèse sous la direction de

1. N.d.T. Littéralement : « les égorgeuses ». Le terme *scannatrici* (si on l'utilise comme un néologisme technique) désigne les opératrices qui réalisent le *scanning*, mais *scannare* signifie en italien mettre à mort un animal en lui tranchant la gorge et, par extension, égorger, tuer quelqu'un avec férocité.

Nicola Cabibbo, qui était extrêmement demandé. Ils se sont rabattus sur un doctorat dans un autre domaine, avec d'autres professeurs qui comptaient parmi les meilleurs d'Italie, mais pour eux ce second choix a été une sorte d'échec.

Pourquoi la physique théorique des particules élémentaires jouissait-elle d'un tel prestige ? L'héritage de Fermi était très vivant à Rome, et les liens avec le CERN de Genève, le plus grand centre de physique des particules en Europe et peut-être au monde, étaient intenses. Mais ces deux éléments n'expliquent pas tout. Il y avait une aura de mystère autour de la discipline. Aujourd'hui, nous savons tous que les quarks existent : maintenus ensemble par des gluons qui font office de colle, ils composent le proton et le neutron, et une théorie – la chromodynamique quantique (CDQ) – nous permet de calculer leurs propriétés.

À mon époque, rien de tout ça n'était connu. Le proton et le neutron avaient été mis en évidence dès les années 1920-1930. Les physiciens avaient ensuite découvert progressivement dans les années 1950-1960 l'existence de nombreuses autres particules, difficiles à observer en raison de leur durée de vie moyenne très courte : une famille infinie de particules, aujourd'hui appelées baryons, dans laquelle le proton et le neutron, les plus légers, étaient les seuls à ne pas se désintégrer rapidement. Le proton ou le neutron ne semblaient pas avoir d'autres propriétés particulières.

Le fait qu'il existait toute une grande famille de particules similaires et que certains types de désintégration étaient observés et pas d'autres suggérait que ces particules étaient constituées de composants qui, répartis différemment, donnaient des objets différents. Si la variété presque infinie des substances chimiques dérivait de la combinaison d'une centaine d'atomes distincts, si les atomes étaient eux-mêmes constitués de noyaux et d'électrons et, à leur tour, les noyaux de protons et de neutrons, de quoi étaient faits les protons et les neutrons ?

Il n'était guère facile de répondre à cette question et aucune piste évidente ne se dessinait. En 1962, l'Américain Geoffrey Chew fit une proposition révolutionnaire : la théorie du *bootstrap*. Le mot désigne aujourd'hui dans le jargon informatique le processus de démarrage des ordinateurs, mais, à l'époque, il n'était utilisé que par de rares techniciens super-spécialisés. Littéralement, le terme *bootstrap* désigne la languette cousue en haut de la tige d'une botte pour faciliter son enfilage, et un proverbe célèbre affirme que « vous ne pouvez pas vous soulever de terre en tirant sur la tige de vos bottes » (un fait très facile à vérifier si vous n'avez jamais essayé...). Selon la théorie du *bootstrap*, chaque particule était en quelque sorte composée de toutes les autres particules ; la « démocratie » régnait chez les particules élémentaires, aucune n'étant plus fondamentale que les autres. La recherche millénaire des éléments constitutifs de la matière (l'une des premières réponses avait été « l'eau, l'air, le feu et la terre ») prenait fin ; ces éléments n'existaient pas, seules primaient les relations entre les différentes particules. L'idée eut un succès colossal. Fritjof Capra, dans son *Tao de la physique,* publié en 1975 alors que la « philosophie du *bootstrap* » était déjà moribonde, la rattache aux philosophies orientales ; elle me semble plutôt faire écho à l'idéalisme hégélien.

De nombreuses écoles de pensée tentaient de mettre de l'ordre dans l'énorme quantité de données disponibles en utilisant des principes de nature différente, comme des symétries de toutes sortes, l'impossibilité de transmettre des informations à une vitesse supérieure à celle de la lumière, etc. Ces écoles échangeaient peu les unes avec les autres, et leurs objectifs étaient limités : le *bootstrap* était la proposition la plus radicale, qui visait à déboucher sur une théorie complète.

Un lecteur averti pourrait se demander : mais pourquoi ne pas avoir élaboré immédiatement une théorie fondée sur les quarks ? Les quarks avaient été proposés par Murray Gell-Mann et George Zweig en 1964, et, quelques mois plus tard, Oscar Greenberg avait ajouté la couleur (chaque type de quark existe en trois couleurs différentes). Ils avaient été initialement introduits comme une simplification mathématique, et le fait que personne ne réussissait à les observer malgré des recherches expérimentales minutieuses rendait leur existence peu crédible. Pour reprendre l'image que Gell-Mann, après une discussion avec Valentine Telegdi, avait intégrée dans un célèbre article de 1964, c'était la stratégie du « faisan et du veau » qui prévalait. Cette méthode s'inspirait d'une technique culinaire française, où un morceau de faisan est mis à cuire entre deux tranches de veau : on ne sert à table que le faisan, tandis que le veau est jeté. Gell-Mann s'était servi du modèle des quarks pour dériver un ensemble d'équations, mais, pour lui, ces équations étaient beaucoup plus importantes que le modèle des quarks dont il était parti, qui n'était qu'un moyen pour parvenir à ce résultat. On pouvait donc écarter le modèle des quarks pour ne garder que les équations finales. Même ceux qui prenaient le modèle au sérieux ne réussissaient à l'utiliser que de manière très limitée.

Lentement, vers la fin des années 1960, les choses ont commencé à changer. Des données expérimentales inédites sont arrivées, la théorie a été affinée, et les chercheurs ont fini par se rendre compte que les quarks et les gluons colorés étaient potentiellement capables d'éclairer les mesures. Ce point de vue a été définitivement adopté avec la Révolution de novembre 1974, lorsque la découverte de la particule *psi* et de ses étranges propriétés a fait pencher la balance vers la théorie telle que nous la connaissons aujourd'hui.

Mais qu'est-il arrivé au *bootstrap* ?

À l'Institut Weizmann, un centre de recherche israélien parmi les plus importants au monde, il y avait un solide groupe de physiciens dirigé par un Argentin génial, Hector Rubinstein. Sous sa direction, Miguel Virasoro, Gabriele Veneziano, Marco Ademollo et Adam Schwimmer s'étaient lancés dans une longue série d'études en physique des particules qui a fini par donner naissance à la théorie des cordes. En effet, et même si l'étape fondamentale vers cette théorie est franchie par Veneziano avec le premier modèle de corde ouverte en 1968, ces travaux préliminaires ont été très importants pour former le cadre conceptuel qui a permis à ce dernier d'arriver à son modèle. Stimulé par cette percée, Virasoro élargit quelques mois plus tard la théorie en introduisant le modèle de cordes fermées. Ces résultats impressionnants déclenchèrent une vague d'intérêt, et on découvrit progressivement que de telles formules pouvaient être dérivées en postulant que la matière est constituée d'une corde élastique, les différentes particules correspondant à ses oscillations. Malheureusement, les propriétés des cordes ne permettaient pas de décrire directement les particules observées.

En 1974, Joël Scherk et John Schwarz comprirent que la théorie des cordes pouvait être utilisée comme point de départ pour décrire la force de gravité dans un cadre quantique, bien que de nombreux détails nous échappent encore. Paradoxalement, la philosophie du *bootstrap*, qui voulait éliminer les constituants élémentaires de la matière, a mis au monde une nouvelle théorie dans laquelle tout ce qui existe dans l'Univers (matière, lumière et ondes gravitationnelles) est composé de cordes.

Les idées sont souvent comme des boomerangs : elles partent dans une direction, mais finissent ailleurs. Si vous obtenez des résultats intéressants et inhabituels, des applications dans des domaines totalement inattendus sont susceptibles d'en surgir.

Aujourd'hui, nous comprenons très bien les propriétés du proton et d'autres particules, mais, en ce qui concerne la gravité quantique, nous sommes dans une situation qui rappelle celle d'il y a cinquante ans. Il existe plusieurs écoles de pensée : les cordes, la gravité à boucles, etc. Mais l'une d'entre elles est-elle la bonne, ou devons-nous attendre une nouvelle idée théorique, voire une expérience qui fournira des résultats inattendus ? Quelle forme prendra la théorie finale ? Il est difficile de le dire : peu importent les efforts que nous déployons pour prédire l'avenir, celui-ci nous surprendra.

Les transitions de phase, des phénomènes collectifs

De l'eau qui bout ou qui gèle, voilà des événements très étranges. Nous observons une substance changer soudainement de forme, uniquement à cause d'une légère variation de température. Il s'agit d'une transformation collective : ce n'est pas l'atome individuel, ou la molécule individuelle d'eau, qui gèle ou qui bout.

Les transitions de phase sont des phénomènes de la « physique quotidienne », que nous constatons sans y prêter attention. Mais, pour un physicien, ce sont des phénomènes très intéressants à comprendre. C'est pourquoi, au début des années 1970, j'ai consacré une partie de mon temps à l'étude de certains types de transitions de phase qui, jusqu'en 1971 et 1972, étaient encore un problème ouvert.

Nous savons tous que l'eau commence à bouillir à une température de 100 °C : elle passe de la phase liquide à la phase gazeuse. De façon similaire, à 0 °C, elle passe de la phase liquide à la phase solide, c'est-à-dire à de la glace.

Pour les physiciens, l'observation de ces phénomènes « normaux » suscite d'innombrables questions : pourquoi de telles transformations se produisent-elles ? Pourquoi précisément à ces températures ? Se déroulent-elles de la même manière dans tous les matériaux ? Et d'autres questions encore, auxquelles il est très délicat d'apporter une réponse.

Au cours de la première décennie du XXe siècle, les chercheurs ont commencé à rassembler des preuves expérimentales de l'existence des atomes et des molécules en tant que « blocs » constitutifs de la matière. Ils ont donc cherché à interpréter les phénomènes macroscopiques, tels que la congélation de l'eau, comme des phénomènes émergeant du comportement collectif de ces minuscules unités de matière.

Or les transitions de phase sont beaucoup plus difficiles à décrire du point de vue microscopique et posent un problème qui resurgit constamment, bien que sous des formes différentes. Nous avons commencé par résoudre les cas les plus simples, et puis, petit à petit, nous affinons nos outils et parvenons à en élucider d'autres.

Les transitions de phase, des phénomènes collectifs

Pour étudier les transitions de phase au niveau microscopique, nous devons en effet comprendre le comportement d'un très grand nombre d'« objets », à savoir des atomes, des molécules ou de minuscules aimants : de nombreux « composants élémentaires » que nous pouvons appeler, dans un contexte plus général que celui de la physique traditionnelle, des « agents ». Ceux-ci interagissent les uns avec les autres en échangeant des informations et en modifiant leur comportement en fonction de ce qu'ils reçoivent.

Dans ma discipline, « échanger des informations » équivaut à « être soumis à des forces », mais, d'une manière générale – puisque le modèle peut être appliqué à de nombreux domaines d'étude, de la physique à la biologie en passant par l'économie –, nous avons affaire à un grand nombre d'objets dont le comportement dépend de celui d'autres objets, plus ou moins proches ; normalement assez proches, car les objets par trop éloignés sont incapables d'échanger des informations.

Les grandeurs physiques que nous pouvons mesurer à un niveau macroscopique, comme la température de l'eau, dépendent du comportement de paramètres microscopiques, par exemple la vitesse des molécules, que nous ne pouvons pas observer.

Imaginez que vous observiez de l'eau avec un microscope très sensible. Vous verriez des molécules en forme de guidon légèrement plié se déplacer, s'attirer, se tourner, s'éloigner et vibrer rapidement. C'est la description de l'eau au niveau moléculaire. À l'échelle de l'œil humain, l'eau nous apparaît à l'inverse comme un liquide qui, à une température donnée, gèle et se solidifie et, à une autre température, s'évapore pour devenir un gaz. Et nous avons mis du temps à comprendre comment passer du comportement des atomes individuels au comportement global du système.

Transitions de phase du premier ordre

Ceux qui étudient les transitions de phase ne cherchent pas tant à savoir à quelle température et à quelle pression se produisent certains changements d'état, mais plutôt à en découvrir le mécanisme. Pourquoi, par exemple, ce phénomène advient-il d'un seul coup et à un « point » aussi spécifique ? Qu'est-ce qui change dans le système à 100 °C ? Pourquoi, lorsque nous l'observons à une température inférieure d'un seul degré à la température de transition, ne remarquons-nous rien de particulier ? Comment se fait-il alors qu'un degré de plus suffise à provoquer un changement abrupt du comportement macroscopique ?

Du point de vue des concepts, la résolution de ce problème est loin d'être ordinaire, à tel point que, dans les années 1930, de nombreux physiciens se sont demandé si les règles communes de la physique, et en particulier de la mécanique statistique, suffisaient pour expliquer les transitions de phase.

La solution a été trouvée dans les années 1940-1950, en partant d'une idée assez générale en physique : la minimisation de l'énergie libre. Dans la nature, un objet qui est libre de se déplacer essayera d'atteindre sa position d'énergie minimale jusqu'à ce qu'il trouve un point d'équilibre. Un ballon abandonné sur un terrain en pente roulera par exemple jusqu'au point le plus bas, dans un trou. La position au fond du trou représente une position d'équilibre stable que le ballon ne quittera pas, à moins que quelque chose n'intervienne pour l'en faire sortir.

Il en va de même pour la glace : à une température inférieure à 0 °C, elle se trouve dans un état d'équilibre stable (le solide) qui correspond à un minimum de son énergie libre. Lorsque la température augmente, les molécules qui occupent dans la phase solide des positions précises dans le réseau cristallin commencent à s'agiter jusqu'à perdre leurs positions fixes et à se déplacer librement.

C'est la phase liquide, qui représente également un équilibre stable et correspond à un autre point minimum de son énergie libre.

Céder de la chaleur à l'eau revient à exercer une poussée sur le ballon. Tant que les poussées sont faibles, le ballon commence à bouger, mais n'a pas suffisamment d'énergie pour sortir du trou ; lorsqu'elles deviennent plus fortes, celui-ci acquiert suffisamment d'énergie pour en sortir et se déplacera jusqu'à ce qu'il ait déniché une autre position d'équilibre.

De même, les molécules d'eau, bloquées dans leur réseau cristallin qui définit la phase solide, s'agitent toujours davantage à mesure que la température augmente, jusqu'à ce que, à 0 °C, les liaisons qui les maintiennent ensemble commencent à se rompre. Dans cette phase, si l'on continue à fournir de la chaleur, la température n'augmente plus, mais l'énergie cédée au système brise les liaisons entre les molécules, jusqu'à ce que toute la glace ait fondu, devenant de l'eau : elle trouve sa nouvelle position d'équilibre stable dans la phase liquide.

Ce type de transition de phase, dit du premier ordre, est caractérisé par deux phénomènes importants.

Le premier est le fait que le système, lorsqu'il s'approche du point de transition, ne présente aucune caractéristique microscopique qui pourrait suggérer sa transformation imminente. De l'eau à 0,5 °C ne montre aucun signe indiquant que, si la température est abaissée d'un demi-degré supplémentaire, elle commencera à geler. Aucun îlot de glace dans l'eau ou aucune poche d'eau dans la glace ne se forme lorsque le système s'approche de la température de transition.

Le second phénomène important est l'existence de la *chaleur latente*, c'est-à-dire la quantité de chaleur nécessaire pour rompre les liaisons moléculaires au lieu d'augmenter la température du système. La chaleur que nous fournissons lorsque la glace est à 0 °C sera utilisée pour briser les liaisons jusqu'à ce que tout le solide soit fondu. Cette quantité de chaleur que nous devons fournir au système pour qu'il change d'état est appelée chaleur latente.

Ces transitions de phase peuvent parfois être décrites comme des transitions d'un état ordonné à un état désordonné du système. Dans la phase solide, les molécules occupent des points précis du réseau cristallin et se trouvent donc dans une phase ordonnée. Dans la phase liquide, les molécules d'eau sont libres de se déplacer librement, et la situation microscopique apparaît beaucoup plus désordonnée que la phase précédente.

Transitions de phase du second ordre

Tous les matériaux ne se comportent pas comme l'eau. Il existe d'autres transitions de phase qui se produisent sans la présence de chaleur latente, c'est-à-dire sans qu'il soit nécessaire d'apporter une certaine quantité de chaleur, une fois la température de transition atteinte, pour passer d'un état à un autre.

Dans ce cas, la transition se produit de manière continue, doucement pourrions-nous dire, à mesure que l'on s'approche de la température critique de transition. On parle alors de transitions de phase du second ordre.

Prenons un exemple : l'aimant, qui est un système magnétique à température ambiante, perd son aimantation lorsque la température augmente. En termes techniques, on dit que l'aimant passe d'une phase ferromagnétique (magnétique) à une phase paramagnétique (non magnétique).

Voyons un peu ce qui se passe à l'intérieur du système. Nous pouvons visualiser le champ magnétique de l'aimant comme une flèche orientée dans l'espace, exactement comme l'aiguille d'une boussole, l'extrémité de la flèche pointant vers le nord.

Ce champ magnétique macroscopique est le fruit de la somme des nombreux champs magnétiques élémentaires de chaque particule du système, appelés *spins*. À l'intérieur de l'aimant, les interactions qui existent entre les spins les alignent dans le même sens : un très grand nombre de petites flèches pointant toutes dans la même direction.

Dans le cas de l'aimantation, la transition de phase se produit aussi avec la montée de la température. La chaleur fournie à l'aimant accroît le mouvement des spins, ce qui peut modifier leur orientation. Ils auront alors tendance à se désordonner et à perdre leur alignement. Or c'est l'alignement des spins qui génère le champ magnétique macroscopique, qui s'affaiblit donc à mesure que la température s'élève, jusqu'à disparaître complètement.

Là encore, la transition de phase est susceptible d'être décrite comme la transition entre une phase plus ordonnée et une phase moins ordonnée du système.

Pour nous aider dans notre raisonnement, nous pouvons nous appuyer sur le modèle proposé par Ernst Ising alors qu'il était encore étudiant, dans sa thèse de doctorat en 1924, peut-être le premier modèle inventé par un physicien pour nous aider à comprendre la réalité en simplifiant au maximum sa description. Dans ce modèle, les spins ne peuvent être orientés que dans deux directions seulement : vers le haut ou vers le bas, comme dans la figure 1, toutes les autres orientations étant interdites.

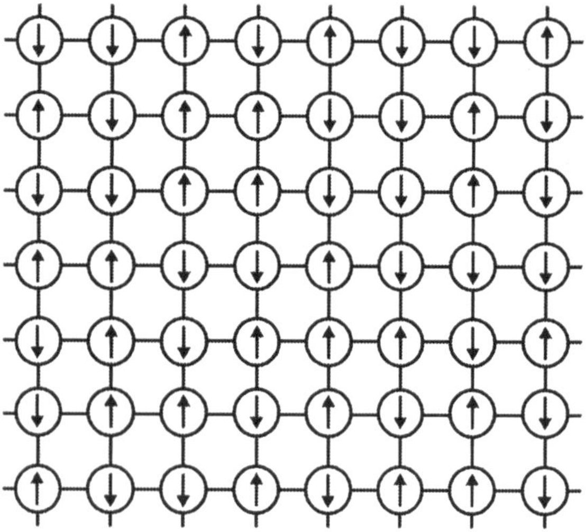

Figure 1. Un réseau d'Ising.

La force qui existe entre les spins tendra à aligner ces derniers dans la même direction (soit tous vers le haut, soit tous vers le bas), tandis que l'agitation thermique tendra à les désaligner et à en faire basculer certains dans la direction opposée.

La phase ferromagnétique correspond à une situation où la majorité des spins pointent dans la même direction (phase ordonnée), tandis que la phase paramagnétique est décrite par 50 % de spins pointant vers le haut et 50 % vers le bas, selon une distribution aléatoire (phase désordonnée).

Le système se décrit également en recourant à la notion de symétrie. Lorsqu'une transformation n'en

Phase ferromagnétique

Phase paramagnétique

Figure 2. Les phases du modèle d'Ising.
Les spins orientés vers le bas sont représentés en noir, tandis que ceux orientés vers le haut sont représentés en blanc.
Dans la phase ferromagnétique, on observe de petits îlots de spins orientés vers le haut (en blanc), tandis que le reste, soit la majorité (en noir), est orienté vers le bas.
Dans la phase paramagnétique, les spins sont distribués de façon aléatoire, une moitié orientée vers le haut, l'autre vers le bas.

change pas les caractéristiques, elle peut être qualifiée de symétrie du système. Prenons l'exemple de la transformation « inversion de tous les spins ». Si on l'applique à la phase désordonnée ou paramagnétique, rien ne change : nous aurons toujours 50 % de spins orientés vers le haut et 50 % de spins orientés vers le bas, toujours distribués aléatoirement. Il s'agit donc d'une symétrie du système.

En deçà de la température de transition, cependant, lorsque la majorité des spins pointent dans une direction (comme dans la figure 2 gauche, où l'essentiel des points sont noir), leur inversion entraînera celle du champ magnétique macroscopique engendré, qui changera de signe (c'est-à-dire que la majorité des points deviendront blancs). Pour la phase ordonnée, ou ferromagnétique, l'inversion des spins n'est donc pas invariante, puisqu'elle inverse le champ magnétique.

Dans ce cas, on dit qu'une « rupture de symétrie spontanée » s'est produite entre les deux phases : une symétrie (l'inversion des spins), qui existe dans la phase paramagnétique, disparaît après la transition de phase, lorsque le système se trouve dans la phase ferromagnétique. Cette symétrie se brise spontanément, sans intervention de phénomènes extérieurs.

Les transitions magnétiques appartiennent à la classe des transitions de phase du second ordre, caractérisées par un paramètre (dans ce cas l'aimantation) appelé « paramètre d'ordre », qui décrit le passage lors d'une transition entre une phase ordonnée et une phase désordonnée du système.

À première vue, le système magnétique semble plus simple que les systèmes que nous avons rencontrés précédemment, comme celui de l'eau, puisqu'il n'y a pas de discontinuités. Mais le diable se cache dans les détails – et les détails, dans le cas des transitions du second ordre, sont très compliqués.

Chauffez un aimant à une température élevée afin qu'il ne présente plus aucune aimantation, puis placez-le dans un champ magnétique. Abaissez ensuite progressivement sa température : vous constaterez que le système se magnétise de plus en plus facilement à mesure que l'on s'approche de la température de transition. Une fois ce seuil atteint, la transition s'opère, et l'aimant acquiert sa propre aimantation, sans avoir besoin d'un champ magnétique externe.

Des îlots ferromagnétiques de plus en plus grands se forment à l'intérieur de l'aimant. Cette situation de coexistence des deux phases (illustrée schématiquement par la figure 3) est très compliquée à étudier.

Les classes d'universalité

Un fait intéressant a été mesuré par les physiciens expérimentaux : le comportement d'un système magnétique ne dépend pas beaucoup du

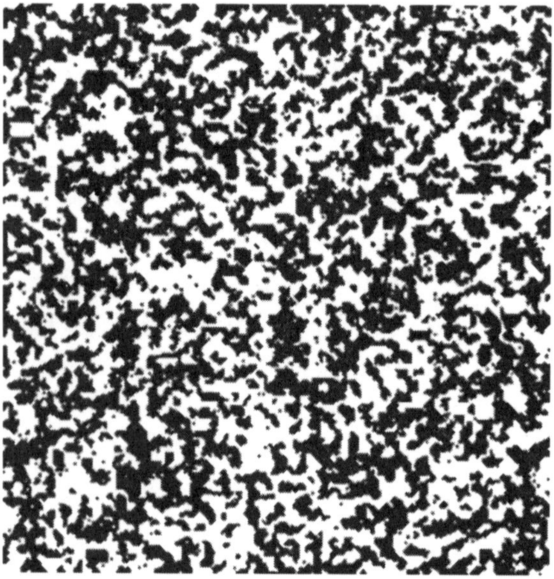

Figure 3. Modèle d'un aimant à la température de transition. Des structures ferromagnétiques se forment et augmentent en taille lorsque la température diminue.

comportement des objets élémentaires individuels à partir desquels il est formé.

En étudiant des substances magnétiques extrêmement variées, dans lesquelles les interactions entre les composants microscopiques et les descriptions des détails quantiques diffèrent, on observe que l'aimantation tombe à zéro au voisinage de la température de transition en suivant toujours la même évolution. Celle-ci est décrite mathématiquement par une fonction adoptant la forme d'une loi de puissance. Son exposant présente le même paramètre numérique, appelé ß (bêta), pour toute une classe de substances magnétiques, substances qui sont également fort différentes les unes des autres.

C'est comme si les voitures d'un Grand Prix de Formule 1 faisaient ce qu'elles voulaient pendant la course, mais qu'elles ralentissaient toutes de la même manière dans le dernier tour pour s'arrêter sur la ligne d'arrivée.

Cette découverte était surprenante et inattendue : alors que les détails microscopiques étaient très distincts, le comportement collectif était le même. Ce résultat a été formalisé par Leo Kadanoff, qui a inventé le concept de *classes d'universalité,* dans lesquelles les phénomènes de transition de phase pourraient être répartis. Les phénomènes présentant la même valeur de l'exposant ß appartiennent à la même classe.

Ce fait n'est pas sans rappeler la vision platonicienne de la nature : on pourrait dire qu'il existe un nombre relativement restreint de classes d'universalité des comportements critiques, et que chaque système réel peut être ramené à l'une de ces classes d'universalité (c'est-à-dire à une idée, pour reprendre la terminologie de Platon).

La subdivision des classes dépend des degrés de liberté des composants élémentaires du système. Par exemple, les degrés de liberté seront différents si les spins sont à même de se déplacer dans les trois dimensions de l'espace ou s'ils sont contraints de se déplacer sur un plan, ou encore s'ils ne sont autorisés qu'à tourner ; ils dépendent en somme de la façon dont peuvent se déplacer les constituants élémentaires de la matière que nous examinons, et ce n'est que de ces degrés de liberté que dépend la valeur du nombre pur ß.

Au début des années 1970, ce problème – dont je donnerai un exemple concret dans un instant – était à juste titre considéré comme très intéressant, et le sentiment général était que nous avions tous les outils nécessaires pour le résoudre et qu'il suffisait de mettre au point le formalisme approprié pour calculer les exposants critiques. J'ai donc commencé à travailler sur les transitions de phase en pensant qu'il me faudrait peu de temps pour parvenir à la solution, une petite diversion avant de retourner aux problèmes posés par les particules élémentaires, qui semblaient plus retors.

L'invariance d'échelle

Il s'agissait essentiellement d'étudier des systèmes dans lesquels de fortes interactions magnétiques existaient entre les spins. Les interactions étaient connues au niveau microscopique, et il fallait trouver un formalisme qui, à partir de la description microscopique connue, puisse décrire le système à un niveau intermédiaire sans faire référence aux détails microscopiques, puisque le comportement de l'aimantation ne dépendait pas de ces détails. Au niveau intermédiaire, *mésoscopique*, on étudie les fluctuations du système : des groupes d'atomes, plus ou moins nombreux, qui passent d'une phase à l'autre.

L'évolution du système s'analyse en étudiant ces fluctuations et leurs interactions réciproques. Les fluctuations sont indépendantes de l'échelle que nous utilisons pour analyser le système, comme nous allons le voir dans un instant.

De nombreux travaux, comme ceux de Giovanni Jona-Lasinio et Carlo Di Castro, avaient déjà été entrepris pour comprendre en détail l'origine du comportement mésoscopique. Kenneth Wilson effectue alors deux avancées fondamentales, présentées dans des articles parus en 1971 et 1972, sur la manière de construire un formalisme autorisant le calcul des exposants critiques. Ce formalisme, appelé « groupe de renormalisation », lui a valu le prix Nobel en 1982.

Le groupe de renormalisation

Afin de comprendre pourquoi la technique proposée par Wilson pour traiter les transitions de phase du second ordre a été nommée « groupe de renormalisation », nous devons nous faire une idée générale du procédé qu'il a employé.

La description du système au niveau intermédiaire est une description invariante pour une transformation d'échelle, c'est-à-dire que le résultat de notre observation ne dépend pas de l'amplitude de notre zoom.

Examinons la figure 4.

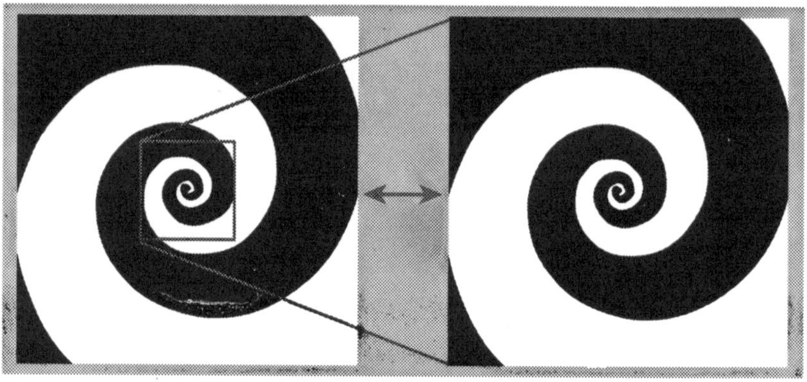

Figure 4. Invariance d'échelle pour une figure fractale.

L'image de droite est l'agrandissement de la partie de l'image de gauche contenue dans le carré : comme le montre la figure, il n'y a aucun moyen de distinguer le système lorsque l'échelle d'observation, ou si vous préférez le zoom avec lequel nous le regardons, varie.

Revenons à notre système représenté schématiquement sur la figure 3. Ses fluctuations se comportent essentiellement de la même manière, à l'exception d'un facteur d'échelle : plus je regarde le système « de loin » (ce que l'on pourrait comparer à l'utilisation d'un objectif grand-angle), plus les fluctuations apparaissent petites ; plus je m'approche (en zoomant), plus elles me semblent grandes.

Déjà introduite par Kadanoff, l'idée consiste à diviser le système en carrés qui contiennent un certain nombre de spins. Observons la figure 5a : chaque carré de dimension 3 × 3 regroupe 9 spins. L'étape suivante consiste à compter combien de ces 9 spins pointent vers le haut (représentés par des cases noires) ou vers le bas (représentés par des cases blanches). Si l'on prend le carré 3 × 3 en haut à gauche, on constate qu'il contient 6 cases noires et 3 cases blanches ; les spins pointent majoritairement vers le haut. Nous reportons cette valeur que nous venons de calculer dans l'image de droite (figure 5b) comme s'il s'agissait d'une seule entité, d'un seul spin. La case en haut à gauche de la figure 5b est donc représentée en noir. Chaque case de la figure 5b est constituée de spins dont la couleur est déterminée par celle de la majorité des 9 spins de la région de départ.

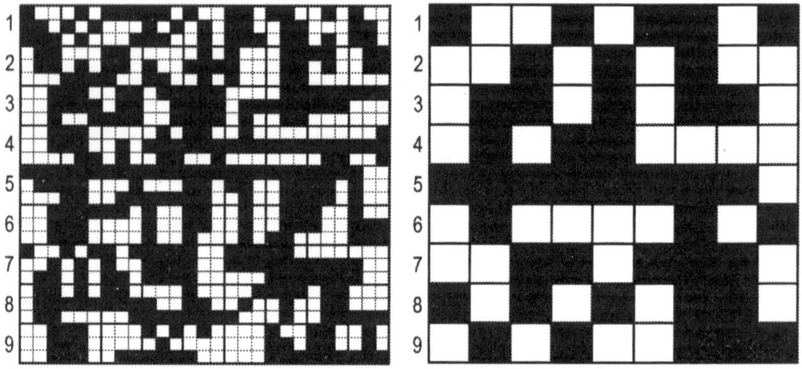

(a) (b)

Figure 5. La figure 5b a été construite en prenant des groupes de carrés 3 × 3 de la figure 5a et en représentant la case correspondante dans la figure 5b en noir si la majorité des 9 carrés de départ étaient noirs, en blanc dans le cas contraire.

En bref, nous utilisons un mécanisme similaire à celui des élections présidentielles américaines : le candidat qui remporte la majorité dans un État obtient tous les délégués de cet État.

Chaque fois que nous effectuons cette opération, nous changeons de fait d'échelle et réduisons considérablement le nombre de variables à prendre en compte (au lieu des 9 spins de départ en haut à gauche de la figure 5a, nous n'avons plus qu'un seul spin dans le premier carré de la figure 5b).

La nouvelle représentation de notre système (à l'échelle supérieure) est encore une bonne représentation du système : nous le regardons simplement « à travers un grain plus épais ». La technique de Wilson nous a permis de passer d'une échelle à une autre : d'où le nom de « renormalisation ».

C'est ainsi qu'au début des années 1970, les transitions de phase des systèmes magnétiques ont elles aussi trouvé une description appropriée, et je suis retourné à la physique des particules élémentaires.

Verres de spin : l'introduction du désordre

Une grande partie de l'intelligence artificielle sur laquelle reposent les applications Internet les plus courantes exploite la théorie des verres de spin et des réseaux neuronaux.

Parfois, vous tombez sur le résultat le plus intéressant de votre vie de chercheur par hasard : il se présente à vous au détour d'un chemin que vous aviez emprunté pour aller ailleurs.

C'est ce qui m'est arrivé. La théorie des verres de spin, que l'on considère généralement comme ma meilleure contribution à la physique, est née alors que je travaillais sur un problème de particules élémentaires.

Pour résoudre ce dernier, l'outil le plus approprié était à première vue une certaine technique mathématique, la méthode des répliques, que je ne connaissais pas encore. Je me suis donc procuré toute la littérature existante sur le sujet et j'ai commencé à potasser. Cette méthode consiste à prendre un système et à le répliquer plusieurs fois, puis à comparer le comportement des différentes répliques. Elle semblait convenir parfaitement à la résolution de mon problème, mais, dans l'un des cas décrits dans la littérature, elle donnait des résultats complètement incohérents sans que l'on comprenne pourquoi.

S'attaquer à un problème nouveau, nébuleux par définition, avec un outil qui dysfonctionne peut-être n'est pas une bonne idée. C'est comme utiliser une boussole qui indique parfois le sud au lieu du nord sans même savoir quand ou pourquoi.

J'ai donc décidé de tester la fiabilité de mon instrument.

C'était un peu avant Noël 1978, je travaillais à l'époque à Frascati. J'ai photocopié l'article qui exposait le cas où la technique des répliques conduisait à des résultats incohérents et je l'ai emporté avec moi pendant les vacances.

L'article portait sur des problèmes liés aux systèmes désordonnés et aux verres de spin, qui étaient très éloignés de mon domaine d'étude du moment et auxquels je n'avais jamais eu affaire. Il était toutefois crucial pour moi de comprendre pourquoi la méthode ne fonctionnait pas dans ce cas. J'ai donc étudié le modèle et refait tous les calculs : ils étaient justes, mais le résultat était incohérent. Le fait méritait d'être approfondi.

À mon retour de vacances, j'ai trouvé des travaux qui avaient progressé vers la solution ; celle-ci semblait à portée de main. Je me suis donc attaqué au problème à partir de ces études plus avancées, persuadé que ce serait chose facile, mais, plus j'approfondissais la question, plus elle m'apparaissait complexe.

Si certains résultats devenaient cohérents, d'autres s'écartaient des valeurs des simulations numériques, un signe qui indiquait que la solution n'était pas proche. Un changement radical de perspective était probablement nécessaire.

Sans m'en rendre compte, j'avais commencé à explorer un nouveau champ de recherche. Je ne pensais plus au problème de particules élémentaires avec lequel tout avait commencé ; quelque chose d'entièrement différent avait capté mon attention.

Les verres de spin

Les verres de spin sont des alliages métalliques que l'on appelle ainsi parce que leur transition de phase magnétique, due au comportement de spin des particules formant l'alliage, évolue comme les transitions de phase du verre.

Ces alliages sont constitués de métaux nobles, comme l'or ou l'argent, à l'intérieur desquels a été diluée une petite quantité de fer. À des températures élevées, ils se comportent comme des systèmes magnétiques normaux, mais, lorsque la température descend en deçà d'une certaine valeur, des comportements semblables à ceux du verre, de la cire ou du bitume surgissent : les changements deviennent de plus en plus lents, et on a l'impression que le système n'atteindra jamais un état d'équilibre.

À l'école, nous avons appris qu'un liquide est une matière qui adopte la forme du solide dans lequel il est versé. Le verre à haute température est clairement un liquide, mais il est aussi évident que ce liquide présente des comportements insolites. Si nous prenons par exemple un récipient rempli de verre fondu (ou de miel ou de cire) et que nous le retournons, le liquide ne tombe pas immédiatement par terre, mais commence à « couler » lentement hors du récipient. Plus le verre refroidit, plus il s'écoule lentement : pour une raison quelconque, le comportement du système ralentit énormément.

Le très fort ralentissement de la dynamique du système avec l'abaissement de la température a quelque chose en commun avec le comportement de l'aimantation dans les alliages métalliques. Comme si les possibilités de mouvement des spins se réduisaient en même temps que la température, et qu'il leur devenait impossible d'atteindre la position d'équilibre.

Reprenons notre exemple précédent et imaginons un bus qui se remplit de passagers : tant que la densité est relativement faible, une personne qui veut aller d'un point à un autre demande aux autres voyageurs de s'écarter et passe. Naturellement, les personnes qui doivent se déplacer pour la laisser passer font bouger d'autres personnes, dans une réaction en chaîne. Tout fonctionne bien tant qu'il y a de l'espace. Lorsque la densité augmente, les contacts se font plus proches ; plus l'espace entre une personne et une autre diminue, plus il devient difficile de se mouvoir. Pour finir, les passagers se retrouvent coincés entre leurs voisins. Les Britanniques appellent ça un *traffic jam* (un « embouteillage »).

Le phénomène était suffisamment général (puisqu'il regarde le verre, la cire, le miel, la poix, les alliages métalliques, etc.) pour inciter les chercheurs à en étudier le fonctionnement. La meilleure façon de l'aborder consistait à construire un modèle, initialement simple, qui reproduise le phénomène. Ce procédé visait à trouver les caractéristiques ou interactions essentielles qui conduisent à un ralentissement de la dynamique lorsque la température varie : des caractéristiques et des interactions repérables dans le verre, le miel, la cire, le bitume et certains alliages métalliques, mais qui devaient être absentes dans l'eau ou dans presque tous les autres liquides qui ne présentent pas ce comportement.

Les modèles

L'étude des transitions de phase de ces matériaux est également difficile d'un point de vue expérimental. À titre de curiosité, j'ai suivi un temps une expérience unique en son genre menée en Australie. En 1927, des chercheurs ont pris une quantité donnée de poix à température contrôlée, dans une situation où subsistait encore une certaine viscosité (la poix n'était pas figée et pouvait former des gouttes) et ils ont commencé à mesurer la fréquence à laquelle tombaient ces gouttes. En 2014, seules neuf gouttes étaient tombées. J'ai arrêté de suivre l'expérience, mais qui sait combien de temps s'écoulera avant d'obtenir un résultat intéressant…

Pour étudier ces systèmes complexes, la meilleure façon consiste sûrement à construire un modèle synthétique plus simple que les situations réelles, susceptible de nous aider à trouver des solutions.

Pour comprendre ce qu'est un modèle et quelle est son utilité pour un physicien théorique, pensons au jeu du Monopoly. C'est un modèle de société régi par quelques règles simples : la disposition et le coût des terrains, celui des bâtiments et la valeur des loyers immobiliers. Des éléments aléatoires, qui sont toujours présents dans nos vies, viennent s'y ajouter : le lancer de dés pour se déplacer, les « imprévus » et les « probabilités » qui vous mettent dans des situations difficiles ou vous en extirpent.

Avec ces règles simples, après avoir joué un certain temps, vous vous rendez compte qu'une caractéristique des systèmes capitalistes émerge : celui qui a le plus d'argent devient de plus en plus riche.

De même que le Monopoly ne reproduit pas toute la complexité d'une société réelle, mais parvient à en capturer certaines caractéristiques, les modèles construits par les physiciens ne contiennent pas toute la complexité des systèmes réels. Toutefois, si nous sommes capables d'introduire des règles significatives, nous pouvons espérer qu'ils reproduiront certaines des caractéristiques fondamentales du phénomène que nous souhaitons étudier.

Une fois le modèle construit et les règles décrivant son fonctionnement implémentées, nous pouvons soit faire évoluer le système, c'est-à-dire commencer notre partie de Monopoly, soit simuler la transition de phase de notre système sur ordinateur en élevant ou en abaissant ce que nous avons défini comme étant la température de notre modèle synthétique.

Celui-ci, au fur et à mesure de son évolution, va générer certains résultats tels que, dans le cas du Monopoly, « celui qui a plus d'argent devient toujours plus riche » ou, dans le cas du modèle d'Ising, la phase ferromagnétique qui se produit quand la température baisse.

Commence alors le travail pour développer la théorie, c'est-à-dire la structure mathématique qui restitue les résultats des simulations, à partir des règles et des données initiales de notre modèle synthétique. Le laboratoire expérimental n'est plus constitué d'aimants, de circuits, de fours, etc. C'est notre ordinateur, avec lequel nous ne voulons pas reproduire le fonctionnement des alliages métalliques, mais celui de notre modèle.

Si nous y parvenons, nous essayerons dans un second temps de comprendre si la théorie que nous avons échafaudée est réellement utile dans des cas réels : alliages métalliques, verre, cire et tant d'autres systèmes.

Le modèle des verres de spin

Dans le modèle d'Ising présenté au chapitre précédent, les forces entre les spins sont telles que, à basse température, ceux-ci auront tendance à être alignés dans la même direction, soit vers le haut, soit vers le bas.

Dans le modèle des verres de spin, au contraire, la force qui agit entre certaines paires de spins tend à les orienter dans des directions opposées, ce qui complique la situation.

Prenons une situation concrète. Dans la vie, nous constatons que nos objectifs sont souvent incompatibles avec ceux des autres ; nous sommes donc contraints d'y renoncer. J'aimerais être ami avec M. Bianchi et M. Rossi par exemple, mais malheureusement ils se détestent. Il est par conséquent délicat pour moi d'entretenir simultanément des liens étroits d'amitié avec les deux. Cette situation, déjà frustrante en elle-même, se complique ultérieurement lorsque de nombreux individus sont impliqués.

Imaginons une tragédie dont le ressort serait plus ou moins le suivant : deux groupes s'opposent, et chaque personnage du drame doit choisir son camp. Chacun d'entre eux a en outre de fortes sympathies ou antipathies envers les autres (sinon, ce ne serait pas une tragédie !). Pour simplifier, supposons que les sentiments d'affection ou d'aversion sont réciproques (sachant qu'aujourd'hui, nous avons aussi à notre disposition des méthodes pour traiter les situations où les sentiments ne sont pas réciproques).

Considérons trois personnages de ce drame, Anna, Béatrice et Carlo. S'ils s'apprécient mutuellement tous les trois, aucun problème : ils choisiront le même camp. La solution est tout aussi simple si deux d'entre eux s'entendent bien et éprouvent une antipathie commune pour le troisième, qui partage ce sentiment. Dans ce cas, le couple assorti choisira un camp et le personnage restant optera pour l'autre. Mais que se passe-t-il s'ils se détestent tous les trois ? Un certain degré de frustration en résultera inévitablement, car deux personnes qui ne s'aiment pas se retrouveront inévitablement dans le même camp.

Lorsque d'innombrables triplets sont frustrés, la situation devient instable. Certains éléments peuvent changer de groupe en essayant de trouver un état où la frustration totale est moindre. Nous pouvons définir la « tension dramatique » comme le nombre de triplets frustrés divisé par le nombre total de triplets.

Des études détaillées ont montré que, dans les tragédies de Shakespeare, la tension dramatique ainsi définie est plutôt faible au début de la tragédie, atteint son maximum à peu près à la moitié de la pièce, puis diminue vers la fin.

Dans le schéma de verre de spin illustré par la figure 6, où il n'y a plus de triplets, mais où les spins sont positionnés sur un réseau carré, chaque spin ne peut être orienté que vers le haut ou le bas (toute autre orientation est interdite). Ce que nous avions défini dans notre exemple tragique comme un « lien de sympathie » est désormais un « lien

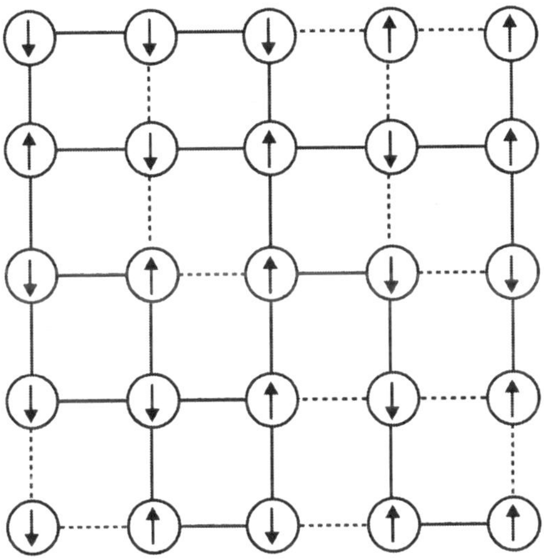

Figure 6. Schéma d'un verre de spin. À basse température, les spins reliés par une ligne pointillée tendent à prendre des directions opposées, tandis que ceux qui sont reliés par une ligne continue tendent à être alignés dans la même direction.

ferromagnétique » : une force qui tend à aligner les spins dans la même direction, que nous avons représentée par une ligne continue dans la figure 6. Ainsi, le « lien d'antipathie » devient le « lien anti-ferromagnétique » : matérialisé par une ligne en pointillé, il représente une force qui tend à aligner les spins dans une direction opposée. Dans ce cas également, nous pouvons facilement vérifier l'existence de situations de frustration. Examinons par exemple la figure 7.

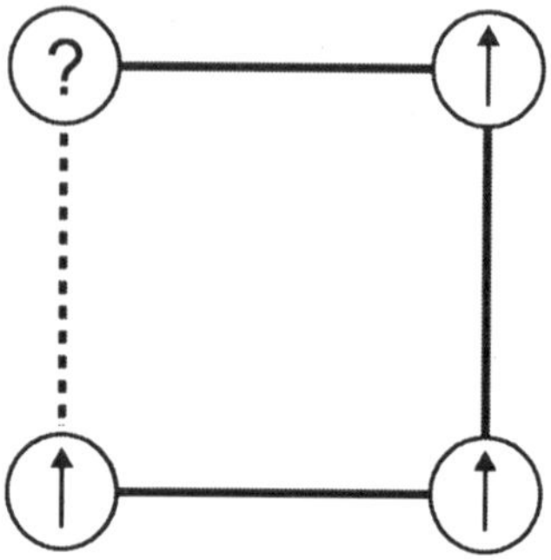

Figure 7. Les trois liens représentés par la ligne continue sont ferromagnétiques, tandis que la ligne en pointillé indique un lien antiferromagnétique.

Dans cette configuration, le spin en haut à gauche a un lien antiferromagnétique avec le spin situé en dessous et un lien ferromagnétique avec le spin situé à droite ; il ne peut donc satisfaire qu'une seule de ces deux contraintes et ne sait pas s'il doit s'aligner vers le haut ou vers le bas.

Les premiers modèles de verres de spin ont été utilisés par Edwards et Anderson, mais le modèle le plus simple a été construit par Sherrington et Kirkpatrick en 1975. Voilà qui nous ramène à mon problème : la technique des répliques employée pour calculer les quantités physiques du système des verres de spin décrit par le modèle de Sherrington et Kirkpatrick aboutissait à une série d'incohérences. Le calcul de l'entropie donnait par exemple des valeurs négatives, ce qui est impossible, puisque, dans tout système physique, l'entropie est par définition une variable positive. Si vous obtenez des résultats négatifs lorsque vous calculez l'entropie d'un système, soit vos calculs sont erronés (ce qui peut arriver, mais ce n'était pas le cas, comme nous l'avions tous vérifié), soit il y a une erreur conceptuelle quelque part.

À la recherche d'une solution

Les erreurs conceptuelles que j'avais commises au début de mes recherches étaient au nombre de deux. La première était une erreur technique et, en tant que telle, difficile à expliquer aux non-initiés ;

elle était toutefois liée à des hypothèses mathématiques incorrectes.

L'autre était une erreur de physique et dépendait du fait que personne n'avait idée de certaines caractéristiques du phénomène que nous étions en train d'étudier : quelques années s'écouleraient avant que nous ne comprenions que le système présentait plusieurs états d'équilibre.

Dans le premier article que j'ai écrit sur le sujet, en 1979, je montrais qu'une construction donnée pouvait être utilisée pour résoudre partiellement le problème. Je concluais ma démonstration en affirmant avec désinvolture : « Cette construction peut être généralisée pour parvenir à la solution complète. »

Mon article, comme tous les articles scientifiques avant publication, a été envoyé à un *referee*, c'est-à-dire à un collègue qui devait décider si mon travail était digne d'être publié ou non. Son commentaire fut plus ou moins le suivant : « Ce que fait Parisi est absolument incompréhensible, mais comme les équations livrent des résultats qui concordent avec les simulations numériques, son article peut être publié. Quant à la partie concernant la généralisation de l'approche au cas le plus compliqué, elle ne vaut pas le papier sur lequel elle est écrite. » L'article est sorti, mais j'ai supprimé la dernière partie.

Au-delà des anecdotes, la vérité était que je ne comprenais pas du tout ce que j'étais en train de faire. J'avais conçu quelques règles pour traiter le problème, je les avais appliquées et, au bout d'une série d'étapes, j'avais obtenu des équations qui avaient un sens et qui, surtout, reproduisaient les données des simulations numériques et donnaient une valeur positive à l'entropie. Mais je ne comprenais pas ce qui se passait au « milieu des calculs » : c'était comme entrer dans un tunnel et en ressortir de l'autre côté.

Dans l'article suivant, la concordance entre les résultats de la théorie et les simulations suggérait que la théorie pouvait avoir un sens, mais que ce sens restait obscur.

Le point de physique que je ne saisissais pas était lié à ce que les physiciens appellent le paramètre d'ordre. Les transitions d'état dans un système, comme nous l'avons noté, sont généralement caractérisées par la variation d'un paramètre. Par exemple, le paramètre d'ordre adéquat pour étudier la transition entre un liquide et un gaz est la densité. Dans le cas de la transition magnétique, le paramètre d'ordre pertinent est l'aimantation. Ces paramètres d'ordre varient pendant les transitions de phase en prenant différentes valeurs numériques dont la signification physique, comme la densité ou l'aimantation, est très facile à comprendre.

De façon surprenante, dans les résultats de mes calculs pour les verres de spin, le paramètre d'ordre dont la valeur changeait lors de la transition n'était pas un simple nombre : c'était une fonction. Un point n'était pas suffisant pour caractériser la transition, je devais recourir à une fonction constituée non pas d'un seul nombre, mais d'une infinité de nombres.

Que représentait physiquement cette fonction ? Le fait d'avoir une fonction au lieu d'un nombre comme paramètre d'ordre pour une transition marquait aussi une limite pour l'utilisation classique de la méthode des répliques. Lorsque le paramètre était un nombre unique, la méthode des répliques fonctionnait de manière simple et donnait des résultats absurdes ; si le paramètre d'ordre était en revanche une fonction, c'est-à-dire un ensemble infini de nombres (de la même manière qu'une ligne peut être vue comme un ensemble infini de points), alors la méthode des répliques était beaucoup plus compliquée à employer, mais débouchait sur des résultats cohérents.

Il était évident que la nécessité d'avoir recours à un nombre infini de paramètres (c'est-à-dire à une fonction) pour décrire la transition du système devait posséder une signification physique profonde, mais celle-ci nous échappait totalement à l'époque.

Des mathématiques étranges

Avant d'en venir à la physique, essayons de comprendre quelle était la modification nécessaire d'un point de vue mathématique. Pour que la méthode des répliques fonctionne, j'avais dû l'« étendre ». La possibilité d'étendre une méthode mathématique repose sur une idée ancienne : le premier à l'avoir appliquée est probablement Nicolas Oresme, un évêque, mathématicien, physicien et économiste français qui a vécu au milieu du XIVe siècle.

Nicolas Oresme est un personnage incroyable, qui témoigne, si besoin était, que le Moyen Âge n'a pas été l'époque d'obscurantisme scientifique que décrivaient nos manuels. Parmi les nombreuses réalisations qui donnent une idée de ses capacités, Oresme a écrit un livre (vers 1360 !) dédié à la distorsion causée par la réfraction atmosphérique sur la position des étoiles. Bien sûr, je n'ai pas tout lu, c'est en latin… Cependant, d'un point de vue conceptuel, son raisonnement était juste. Il a probablement eu cette idée en observant le Soleil qui s'aplatit au voisinage de l'horizon à son couchant, ce qui lui a suggéré qu'il devait y avoir une distorsion. De fait, le calcul de la distorsion est très important pour effectuer des observations astronomiques précises, car la mesure apparente des étoiles doit être corrigée de deux ou trois degrés.

Pour en revenir à notre propos, Oresme a été le premier à saisir qu'élever un nombre à la puissance ½ revient à en extraire la racine carrée. Le fait nous semble banal aujourd'hui, nous l'avons étudié dès le lycée et nous ne nous rendons plus compte du saut logique qu'a fait Oresme en étendant les propriétés des puissances aux nombres fractionnaires, des propriétés qui étaient jusqu'alors exclusivement réservées aux nombres entiers.

L'idée d'élever un nombre à une puissance donnée est très simple. Mettre un nombre au carré revient à considérer deux fois ce nombre et à en effectuer le produit ; pour le cube, on prend trois fois le nombre et on en fait le produit ; et ainsi de suite. Élever un nombre à la moitié semble donc une opération absurde : que signifie prendre « la moitié d'une fois » un nombre ? L'idée d'Oresme a été d'étendre une propriété des puissances, selon laquelle pour élever une puissance à une puissance, on multiplie les exposants. Ainsi, le cube de 2^2 est égal à 2^6 (c'est-à-dire 64, ou 4^3).

Si la mise au carré d'un nombre à la puissance ½ fournit le nombre de départ (puisque 2 fois ½ est égal à 1), alors élever un nombre à la puissance ½ équivaut à extraire la racine carrée : en effet, la racine carrée d'un nombre au carré est le nombre lui-même.

Ces propriétés sont dérivées de manière formelle, car prendre « la moitié d'une fois » un nombre n'a aucun sens ; les propriétés formelles garantissent toutefois un résultat cohérent. Nicolas Oresme a dépassé le point de vue initial, de compréhension immédiate, mais, en sauvegardant les propriétés formelles, il a obtenu une méthode très simple permettant de résoudre des opérations complexes.

Depuis Oresme, les mathématiques ont souvent évolué en étendant des propriétés de manière formellement correcte à de nouvelles conditions, élargissant ainsi leurs horizons. Pour résoudre mon problème, j'ai eu recours à une méthode similaire. J'ai appliqué formellement des techniques mathématiques développées et vérifiées uniquement pour des nombres entiers, en espérant que les propriétés du formalisme resteraient valables pour les non-entiers.

L'idée que j'avais eue était une extension du calcul combinatoire. La combinatoire me dit par exemple de combien de façons je suis à même de disposer 10 objets par paires dans 5 tiroirs. En l'étendant, je peux utiliser la même équation pour trouver de combien de façons on peut disposer 5 objets dans 10 tiroirs, de sorte qu'il y ait dans chaque tiroir « une demi-fois » un objet. Évidemment, le résultat n'aura guère de sens, car, d'un point de vue pratique, l'opération est impossible : ce n'est pas la même chose que de couper l'objet en deux, c'est comme dire que le nombre d'objets qui entrent dans le tiroir est un demi. Or, pour parvenir à une solution normale, dans laquelle les choses réelles existent, je devais passer par ces objets imaginaires : des tiroirs qui contiennent « une demi-fois » un objet, un nombre total d'objets qui n'est pas entier, et un nombre total non entier de façons dont les choses non entières sont susceptibles d'être disposées dans les tiroirs !

En partant de ce procédé, mon idée a été de diviser les objets à moitié, puis encore à moitié et à moitié, de sorte que les objets dans les tiroirs tendent vers zéro.

Bien sûr, il s'agit d'un procédé purement mathématique, qui a peu de sens physique, mais il conduisait à des résultats corrects, compatibles avec les données des simulations.

Il reste que deux problèmes étaient en suspens : démontrer qu'effectuer une telle opération avait un sens mathématique et comprendre ce que signifiait en physique le fait que le paramètre d'ordre soit décrit par une fonction et non par une seule variable.

L'interprétation physique

Après quelques années seulement, le langage mathématique de la méthode des répliques a été traduit dans celui de la physique statistique, beaucoup plus compréhensible, même si la formulation est nettement plus verbeuse.

Grâce à une série d'indices, mes amis Marc Mézard, Nicolas Sourlas, Gérard Toulouse, Miguel Virasoro et moi-même avons pu comprendre la signification physique de ce résultat, une caractéristique commune à tous les systèmes désordonnés : les systèmes désordonnés se trouvent simultanément dans un très grand nombre d'états d'équilibre différents. C'était une découverte tout à fait inattendue.

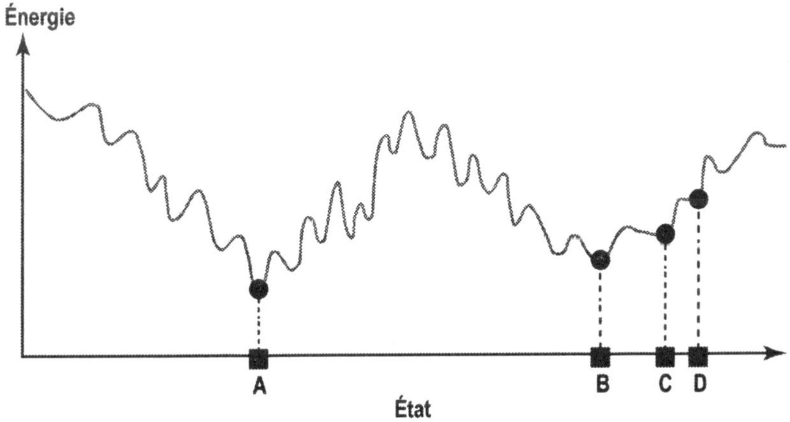

Figure 8. À basse température, le système peut se trouver dans n'importe lequel des nombreux états représentés par la courbe.

Comme l'illustre la figure 8, le système peut se trouver dans n'importe quel état sur la courbe (à titre d'exemple, quatre points, A, B, C et D, représentent quatre des nombreuses possibilités dans lesquelles peut se trouver le système). Les états du système ont des énergies différentes, et il existe de nombreux minima (des creux) d'énergie où le système atteint son équilibre. Dans l'état marqué A, le système se trouve également au point le plus bas de la région (et de même dans l'état B), tandis que, dans les états C et D, le système se trouve dans un creux peu profond, c'est-à-dire une situation d'équilibre dont il ne sortira pas à moins d'augmenter la température du système, mais qui ne représente pas un minimum dans cette région.

Le graphique montre également deux dépressions plus importantes (la région autour de A et celle autour de B), chacune d'entre elles comportant de nombreux petits creux. Nous pouvons les appeler zone M et zone N (figure 9). Lorsque le système, en se refroidissant, se retrouve dans un état de la région N (par exemple, l'un des états B, C ou D), il aura tendance à rester dans cette région même si la température augmente, si cette augmentation n'est pas trop importante. Le système évoluera alors à l'intérieur d'une région, c'est-à-dire d'un ensemble de configurations qui ont été sélectionnées par l'histoire du système, autrement dit par la région où il demeure, parmi les nombreuses possibilités dans lesquelles le système s'est trouvé lorsque la température a diminué.

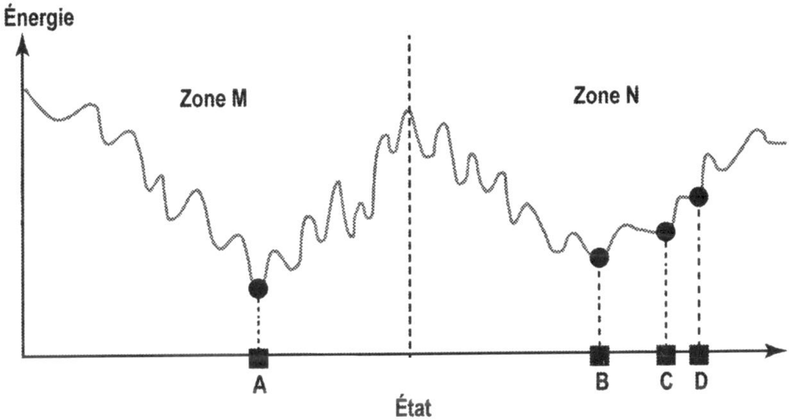

Figure 9. Deux zones larges et profondes dans lesquelles le système peut évoluer.

Normalement, un système physique ne se trouve que dans un seul état. L'eau par exemple, pour une température et une pression données, est soit liquide, soit solide, soit gazeuse. Il existe toutefois des cas particuliers dans lesquels le système peut se trouver simultanément dans deux états, qui sont généralement appelés phases. À 100 °C, l'eau peut être à la fois liquide et gazeuse. Il existe une seule valeur de pression et de température pour lesquelles les trois phases de l'eau – solide, liquide et gazeuse – coexistent. C'est le fameux « point triple » de l'eau, à juste titre célèbre. En effet, un système se trouve en général dans une seule phase. En revanche, à basses températures, un système désordonné se trouve simultanément dans un très grand nombre de phases. Voilà le sens du paramètre d'ordre qui devient une fonction, c'est-à-dire un ensemble de valeurs infinies.

Cette découverte a été une véritable percée en physique. La construction d'un modèle synthétique et sa solution nous ont permis de découvrir un phénomène dont nous ignorions l'existence : nous avons ouvert une fenêtre sur le monde des systèmes désordonnés.

Fort de cette interprétation physique, il devenait possible d'arriver à l'interprétation mathématique. La démonstration mathématique a pris plus de vingt ans, et a été fournie par Michel Talagrand ; le travail précédent de Francesco Guerra et de ses collaborateurs a été fondamental pour débrouiller cet écheveau. Les arguments développés dans la démonstration sont vraiment ingénieux dans leur simplicité, mais tout paraît simple rétrospectivement…

Du modèle à la réalité

La solution forgée pour le verre de spin est un bon point de départ pour l'étude du verre réel, celui des vitres des fenêtres, dont nous ne comprenons pas encore complètement le comportement d'un point de vue physique. Depuis le milieu des années 1990, je travaille par intermittence sur une description qui nous permettrait de saisir tous les aspects des transitions vitreuses.

Comme les verres de spin, le verre réel est lui aussi un système désordonné ; le désordre est dû au fait que le verre n'est pas seulement composé de silice, mais aussi de nombreuses impuretés, de molécules de différents types, de différentes tailles, mélangées ensemble. Le verre ne peut donc pas cristalliser, car des structures régulières sont nécessaires pour que la cristallisation puisse advenir. Le désordre des alliages métalliques appelés verres de spin est dû, comme nous l'avons expliqué, au caractère aléatoire de la disposition des atomes de fer à l'intérieur de l'or : lorsque le métal est liquide, les atomes de fer sont libres de se déplacer de manière aléatoire dans l'or, mais, lorsque l'alliage refroidit, les atomes de fer ont de moins en moins de liberté de déplacement et restent piégés dans des positions aléatoires.

Nous tentons actuellement de parvenir à une compréhension concrète des processus réels, et la question nous semble horriblement compliquée, mais, une fois que nous aurons franchi l'obstacle de nouveau, tout nous paraîtra évident. Lorsque vous étudiez une théorie physique ou un théorème mathématique dans un livre, la démonstration est limpide, et l'énorme quantité de travail qui a été nécessaire pour aboutir au résultat a complètement disparu.

Un autre problème intéressant à résoudre est celui du passage du modèle schématique, comme celui des verres de spin que je viens de décrire, à un modèle plus réaliste dans lequel les forces entre les spins sont décrites de manière plus détaillée, par exemple en tenant compte de la distance mutuelle entre les spins.

La transition de phase est causée par l'interaction entre des objets qui ont une position précise dans l'espace, qui n'est pas prise en compte dans le modèle simplifié discuté ci-dessus.

Outre l'absence de structure spatiale, le modèle simplifié ne considère pas non plus l'évolution temporelle. Les techniques de mécanique statistique sont « faciles » à appliquer lorsque le système à étudier est en équilibre, c'est-à-dire lorsqu'il reste stable dans le temps. Pour un système désordonné tel que le verre ou la cire, le temps nécessaire pour atteindre la condition d'équilibre est généralement très long : il peut s'agir d'années ou de siècles. C'est également le cas pour les vitres de nos fenêtres, pour lesquelles on utilise toutefois certaines techniques industrielles afin de les rendre plus rigides.

Si un processus physique ne se trouve pas dans un état d'équilibre, il y a une dimension temporelle, car on peut toujours distinguer un avant et un après, ce qui n'est pas le cas dans les systèmes en équilibre.

Pour dire les choses plus simplement, si nous photographions un ballon qui se trouve dans une situation d'équilibre stable, c'est-à-dire immobile au fond d'une dépression, nous ne pourrons jamais remettre ces photos dans l'ordre chronologique dans lequel elles ont été prises, puisque, dans un tel état, il n'y a aucun signe de changement. À l'inverse, si nous prenons des photos d'un ballon qui dévale une pente, c'est-à-dire dans une situation de non-équilibre, la séquence temporelle est évidente.

Nous devons donc affronter le problème de l'extension de la théorie dans le temps, étant donné la situation de non-équilibre, et de son extension dans l'espace, car les processus sont spatiaux et les interactions ne se font qu'entre particules voisines.

En bref, pour comprendre pleinement les transitions vitreuses, il reste encore beaucoup de travail à accomplir.

Élargir la perspective

J'étais parti avec l'intention de vérifier une technique mathématique qui pouvait m'aider à résoudre un problème de particules (et pour ce problème, la technique des répliques dans sa version originale fonctionne à merveille) et je me suis retrouvé avec un outil mathématique et conceptuel très puissant, susceptible d'être utilement appliqué à un large éventail de problèmes apparemment sans lien les uns avec les autres : des problèmes relatifs à des systèmes désordonnés.

Le monde réel est désordonné et, comme nous l'avons souligné au début de ce livre, de nombreuses situations du monde réel se décrivent en termes d'interaction d'une multitude d'agents. Ces interactions sont schématisées par des règles simples, mais les résultats d'une action collective sont parfois très inattendus.

Les entités élémentaires sont des spins, des atomes ou des molécules, des neurones, des cellules en général, mais aussi des sites Internet, des agents boursiers, des actions et des obligations, des personnes, des animaux, les composants d'un écosystème, et ainsi de suite.

Toutes les interactions entre entités élémentaires ne génèrent pas des systèmes désordonnés. Le désordre provient du fait que certaines se comportent différemment des autres : certains spins tentent de s'aligner en sens inverse, certains atomes sont différents de la majorité des autres, certains opérateurs financiers vendent des actions que les autres achètent, certains convives lors d'un dîner n'apprécient pas la compagnie d'autres invités et essayent de s'asseoir le plus loin possible d'eux…

Pour aborder tous ces cas désordonnés, l'outil mathématique et conceptuel que j'ai forgé est indispensable. Récemment, nous avons par exemple obtenu des résultats majeurs en essayant de résoudre le problème consistant à faire tenir le plus grand nombre possible de sphères solides de tailles différentes dans une boîte. C'est une question fort intéressante, car les sphères solides de différentes tailles sont utilisées pour construire des modèles de liquides, de cristaux, de systèmes colloïdaux, de systèmes granulaires et de poudres. En outre, la « mise en boîte » des sphères solides est liée à des problèmes importants en théorie de l'information et en optimisation.

Sur les épaules des géants

Galileo Galilei a le premier découvert un outil très puissant pour étudier la nature : la simplification des phénomènes. Il a construit une théorie dans laquelle il négligeait complètement la friction : notez bien que, dans un monde sans friction, nous ne pourrions ni marcher (nous glisserions) ni manger (la nourriture tomberait des couverts). Le monde galiléen qui a donné naissance à la physique moderne est complètement différent du monde réel ; puis, au fil des siècles, différents éléments sont venus le compléter, jusqu'à ce qu'il devienne une approximation satisfaisante du monde réel. Ce point de vue est bien rendu par un très beau passage sur le mouvement des corps dans une lettre d'Evangelista Torricelli.

« Que les principes de la doctrine *de motu* soient vrais ou faux ne m'importe que très peu. Car s'ils ne sont pas vrais, feignons qu'ils le soient comme nous l'avons supposé et considérons toutes les autres spéculations dérivées de ces principes non pas comme des choses mixtes, mais comme des choses purement géométriques. Je prétends ou suppose qu'un corps ou un point se déplace vers le bas et vers le haut avec la proportion connue et horizontalement avec un mouvement équitable [traduit en langage moderne, “se déplace en l'absence de friction atmosphérique”]. Quand tel est le cas, je dis que tout ce que Galilée et moi avons dit en découlera. Et si les boules de plomb, de fer et de pierre n'observent pas cette proportion supposée, tant pis pour elles : nous dirons que nous ne parlons pas d'elles. »

Pour Torricelli, qui était aussi un physicien expérimental accompli, il était clair que la compréhension du mouvement des corps en l'absence de friction était un préalable à la compréhension des phénomènes avec friction et constituait donc une étape nécessaire.

C'est en partant de la capacité de réduire les phénomènes physiques à l'essentiel que les scientifiques ont développé la physique des derniers siècles. Et celle-ci est devenue si puissante et si riche qu'elle peut à nouveau introduire dans ses modèles la complexité et le désordre, ceux-là mêmes que Galilée avait été contraint d'exclure.

Échanges de métaphores entre la physique et la biologie

Un seul neurone ne constitue pas une mémoire, plusieurs neurones mis ensemble, oui. Le même discours est valable pour les briques : savoir comment une brique est faite est une chose, la science de l'architecture en est une autre.

La science se fonde sur des preuves expérimentales, sur des démonstrations analytiques et sur des théorèmes. Toutefois, à la base de la construction scientifique figure une vaste constellation de raisonnements intuitifs. Dans les sciences, comme dans les arts et dans de nombreuses autres activités humaines, l'intuition vient d'abord, les certitudes s'acquièrent ensuite. En voici deux exemples emblématiques.

Si Enrico Fermi et ses collaborateurs ont découvert que les neutrons ralentis sont plus efficaces, et de beaucoup, pour induire la transmutation radioactive de nombreux éléments, c'est parce que au début de l'expérience, sur un coup de tête, Fermi substitue le bloc de plomb placé sur le trajet des neutrons par un autre de paraffine. Il agit impulsivement, sans réfléchir, et, après voir fait l'échange, l'équipe observe une augmentation impressionnante (de plus de 100 fois) du signal sur les compteurs mesurant la radioactivité. Amaldi, Pontecorvo, Rasetti et Segrè sont stupéfaits. Fermi trouve vite l'explication : la paraffine ralentit les neutrons, et les neutrons lents doivent être beaucoup plus efficaces que les neutrons rapides. Et quand Amaldi lui demande : « Mais comment as-tu eu l'idée de remplacer le plomb par de la paraffine ? », il répond : « Grâce à ma formidable intuition. »

Mon collègue de l'Accademia dei Lincei, Claudio Procesi, affirme que la différence entre un bon et un mauvais mathématicien tient seulement au fait que le bon mathématicien comprend immédiatement quels énoncés mathématiques sont vrais et lesquels sont faux, alors que le mauvais mathématicien doit essayer de les démontrer pour parvenir au même résultat.

Dans ces deux exemples, l'intuition est extrêmement importante. Les outils mobilisés vont bien au-delà de la logique formelle, et il est très intéressant d'étudier les raisonnements intuitifs qui soustendent le progrès scientifique. En particulier, les métaphores jouent un rôle décisif dans le transfert d'images et d'idées entre différentes disciplines au cours d'une même période historique.

Si nous étudions avec suffisamment d'attention une époque donnée, nous finissons par percevoir l'existence d'un certain « esprit du temps » : nous identifions des correspondances et des assonances, non seulement entre différentes disciplines scientifiques telles que la biologie, la physique et d'autres encore, mais aussi entre la musique, la littérature, l'art et la science. Il suffit de penser à la crise d'un certain rationalisme au début du XXe siècle, et aux évolutions qui se sont produites simultanément en peinture, littérature, musique, physique, psychologie… Toutes ces disciplines, très éloignées les unes des autres, communiquent entre elles, et il est raisonnable de penser que les métaphores jouent un rôle important dans la formation d'un tel sentiment commun.

Malheureusement, en science en général, et de façon encore plus évidente dans celles dites « dures », les passages intermédiaires qui permettent d'arriver à un résultat disparaissent le plus souvent, ce qui nous empêche de savoir ce qui a inspiré à un scientifique une idée donnée. En effet, surtout en mathématiques, mais aussi en physique et dans d'autres disciplines, les considérations extrascientifiques ne sont jamais conservées dans la formulation écrite des articles et des livres. Le texte proposé est complètement épuré, rédigé dans un langage formel dans lequel figurent rarement des allusions à des sujets non techniques. Il reste parfois des traces d'argumentations préscientifiques dans des textes de nature plus générale (par exemple ceux de Poincaré), où l'on trouve des raisonnements métascientifiques, mais ces sujets sont en général tabous dans la grande majorité de la littérature technique.

Les probabilités

En cherchant un exemple concret de possibles transferts d'idées entre diverses disciplines, j'ai commencé à réfléchir à l'utilisation des probabilités en science. L'un des premiers domaines d'application des probabilités, au-delà du jeu de dés et de cartes, est la statistique, la science des états. Au XIXe siècle, de nombreux économistes et sociologues, comme Adolphe Quetelet, ont fourni des contributions très importantes à la statistique et au calcul des probabilités. De façon concomitante, mais apparemment indépendante, dans la seconde moitié du XIXe siècle, James Maxwell et Ludwig Boltzmann ont introduit les probabilités et les statistiques en physique au niveau microscopique, dans le but de comprendre les comportements collectifs (ce que recherchaient aussi les économistes). Dans les mêmes années, le mécanisme de la sélection darwinienne est formulé : les caractères génétiques changent de façon aléatoire, et ce n'est qu'ensuite que les caractères mutés sont sélectionnés. Pour Darwin, le point clé de la théorie de l'évolution est le concept de sélection entre différentes possibilités.

Avec la redécouverte de Mendel au début du XXe siècle, le substrat physique sur lequel l'évolution opère est identifié : les gènes. La théorie darwinienne devient le paradigme dominant de la biologie. Il est frappant de constater que, si l'on considère un domaine aussi éloigné de la biologie que l'est la mécanique quantique, l'interprétation de l'école de Copenhague (à la fin des années 1920) présente de nombreuses similitudes avec la sélection darwinienne ; un système quantique peut se trouver dans différents états, et l'expérience (ou l'observation) sélectionne au hasard l'une des possibilités.

Dans la théorie darwinienne comme dans la mécanique quantique, l'évolution (biologique et physique) passe par la proposition de nouvelles possibilités suivie d'une sélection. Évidemment, les détails sont fondamentalement différents : dans l'évolution naturelle, ces possibilités nouvelles apparaissent de manière aléatoire et le choix est déterministe (*survival of the fittest*), tandis qu'en mécanique quantique, l'état évolue de manière déterministe et c'est la mesure qui choisit de manière aléatoire parmi les diverses possibilités du résultat de l'expérience.

Au-delà des différences, il existe toutefois de fortes similitudes entre les deux manières de procéder. Niels Bohr, Max Born et les autres représentants de l'école de Copenhague avaient peut-être une certaine connaissance de la théorie darwinienne de l'évolution, et il est possible qu'ils aient été d'une certaine manière influencés par elle. Malheureusement, dans leurs ouvrages techniques les plus connus traduits en anglais ne figure aucun élément qui permettrait d'étayer cette hypothèse. N'étant pas historien, je ne peux pas jurer qu'ils ne l'évoquent pas dans quelque écrit obscur, mais il est également possible que les auteurs eux-mêmes n'aient pas pris toute la mesure de l'influence de Darwin et n'aient jamais rien écrit à ce sujet.

Les risques des métaphores

Il est nécessaire de formuler ici une distinction très nette entre l'utilisation de la métaphore comme outil heuristique et l'utilisation de la métaphore, de l'assonance et d'autres figures rhétoriques comme base du raisonnement, jusqu'à arriver à un extrême où la logique est remplacée par la rhétorique. Je trouve cette seconde façon de procéder pernicieuse. On transpose dans un autre langage des concepts qui ne peuvent être traduits, en les déformant sans même s'en rendre compte ; il n'est pas étonnant que l'opération conduise souvent à des conclusions totalement arbitraires. Elle engendre même des monstres, comme la sociobiologie, qui transpose sans aucun contrôle les raisonnements et les métaphores biologiques au domaine social, auquel ils ne sauraient s'appliquer puisque les hypothèses implicites qui les sous-tendent n'y sont absolument pas valides. De tels biais conduisent à des conclusions dangereuses, qui sont exploitées à des fins politiques et aboutissent à des théories aberrantes comme le darwinisme social.

Cette utilisation désinvolte de la métaphore est monnaie courante dans certains domaines des sciences humaines, avec des résultats tout aussi négatifs, quoique moins néfastes. Il m'est impossible de ne pas mentionner ici le fameux canular de Sokal. Afin de dénoncer certains procédés pseudo-philosophiques et pseudo-scientifiques, le physicien américain Alan D. Sokal rédige en 1996 un article adoptant le style métaphorique d'intellectuels tels que Lacan, Derrida et bien d'autres. Le texte, intitulé « Transgresser les frontières : vers une herméneutique transformatrice de la gravitation quantique », repose sur une série de métaphores physiques, sociologiques et psychologiques tellement absurdes que, si Sokal les avait formulées directement, tous ses collègues l'auraient pris pour un fou. Sachant pertinemment que ce qu'il écrivait n'avait aucun sens, Sokal construit une série de comparaisons insensées, dans un article au style académique soigné, accompagné d'un appareil critique impressionnant. De façon incroyable, l'article est accepté par le comité de rédaction et publié dans l'une des revues les plus prestigieuses du domaine (*Social Text*). Le scandale éclate lorsque Sokal révèle publiquement que ce qu'il a écrit n'a ni queue ni tête. L'embarras est énorme, à tel point que certains tentent de se justifier en allant jusqu'à affirmer que le texte de Sokal a probablement un sens, au-delà des intentions de l'auteur. L'article, que l'on peut trouver sur Internet, est très drôle, et le lecteur capable de comprendre la partie physique des métaphores restera admiratif devant l'imagination presque inépuisable de l'auteur.

Au-delà des abus soulignés par Sokal, les métaphores jouent malgré tout un rôle très important dans la communication scientifique, en particulier lorsqu'on veut expliquer une découverte aux non-spécialistes. Toutefois, les métaphores resurgissent dans le langage courant d'une manière souvent si imprécise qu'elles en deviennent difficilement supportables. Il est naturel que les métaphores ne soient pas fidèles : c'est fréquemment le cas lorsque des mots d'un langage sont employés dans une autre avec un sens différent. Ce phénomène, bien que compréhensible, énerve cependant beaucoup les scientifiques.

Ainsi, je trouve particulièrement agaçantes des expressions comme : « C'est inscrit dans l'ADN de la gauche. » Chaque fois que j'entends une phrase de ce genre, je ne peux m'empêcher de penser que l'ADN sous-tend la transmission génétique des caractères, une transmission darwinienne, alors que la culture se transmet d'une manière complètement différente, par le biais des caractères acquis, des transformations qui passent de manière lamarckienne de parent à enfant. Penser que la culture puisse être transmise par l'ADN va à l'encontre des principes fondamentaux de la théorie de l'évolution.

Les mathématiciens, quant à eux, sont irrités par l'utilisation inconsidérée du mot « théorème » ; dans le journalisme politique, un théorème est devenu synonyme d'un postulat arbitraire, souvent énoncé par un juge. Pour un journaliste, un théorème est une thèse formellement correcte, mais construite à partir d'hypothèses erronées, un syllogisme, compris comme un raisonnement spécieux. Impossible d'entièrement blâmer les journalistes : parfois, certains scientifiques partent d'hypothèses non adéquates (par exemple, « supposons qu'un cheval ait une forme sphérique ») et, par un raisonnement mathématique, arrivent à des conclusions douteuses qui sont présentées comme des théorèmes. Or les mathématiques sont une méthode formellement correcte ; un théorème énonce correctement que certaines hypothèses entraînent certaines conséquences. Sans surprise, en partant d'hypothèses fausses, on parvient à des conclusions fausses.

Le problème vient du fait que ces hypothèses fausses sont souvent bien camouflées et qu'elles ne sont pas faciles à identifier en tant que telles. Les résultats qui en découlent (évidemment faux) sont présentés comme vrais, puisque dérivant d'un théorème. Les raisonnements de ce genre sont légion : on démontrait ainsi à la fin du XIXe siècle qu'un avion ne pouvait pas voler, ou que la théorie darwinienne de l'évolution était erronée puisque l'âge de la Terre ne pouvait excéder 20 millions d'années. Certains de ces arguments fallacieux sont devenus célèbres, et c'est précisément à ce type de « théorèmes » que la métaphore fait allusion.

Façons de penser

Les physiciens se rabattent généralement sur les métaphores en situation de crise : lorsque les lois physiques ne sont pas claires, elles surgissent au cours de discussions métascientifiques animées. En voici quelques exemples.

Einstein n'était pas du tout satisfait de la théorie de la mécanique quantique, même s'il avait contribué plus que quiconque à sa création : pour lui, « la mécanique quantique n'[était] pas encore la juste vérité [littéralement : "le vrai Jacob"] ». Einstein contestait principalement l'interprétation de Copenhague dans laquelle la probabilité jouait un rôle fondamental : la théorie physique *devait* être déterministe. C'est dans ce contexte qu'il aurait prononcé sa phrase célèbre « Dieu ne joue pas aux dés », à laquelle Bohr aurait répondu : « Albert, cesse de dire à Dieu ce qu'il doit faire ! »

À la fin des années 1950, on découvre que les interactions faibles (les forces responsables des désintégrations radioactives) ne conservent pas la parité : en d'autres termes, en regardant défiler l'enregistrement vidéo d'une expérience sur les interactions faibles, il est possible de dire s'il s'agit du film original ou si la droite a été inversée avec la gauche. Ce résultat était totalement inattendu, car les autres forces de la nature ne font pas de distinction entre la droite et la gauche. Ce fait suscita une grande perplexité, bien résumée par la déclaration de Pauli : « Ce qui me surprend le plus, ce n'est pas tant que Dieu soit gaucher, mais plutôt qu'Il ne le soit que faiblement. »

Il est parfois difficile de comprendre si certains arguments sont de simples métaphores, des analogies, ou s'ils revêtent pour leur auteur un sens ontologique. Aux XVIIe et XVIIIe siècles, la physique était dominée par le mécanicisme : chaque loi physique devait être expliquée en termes de machines, fussent-elles invisibles ou microscopiques. Les machines agissaient par des interactions de contact entre les pièces. Des forces agissant à distance étaient impossibles à intégrer dans un tel contexte. Newton lui-même, lorsqu'il propose la loi de la gravitation universelle (qui suppose une interaction à distance entre des corps qui s'attirent à cause de la gravité, même s'ils ne se touchent pas ; ils peuvent en effet être très éloignés les uns des autres, comme les planètes autour du Soleil), s'en sort en écrivant *hypotheses non fingo* (« Je ne formule aucune hypothèse »), en supposant implicitement que d'autres découvriraient ensuite le modèle mécanique sous-jacent.

C'est ainsi que la gravité en tant que force agissant à distance est restée un scandale pendant plus d'un siècle, à tel point que beaucoup ont essayé de lui trouver une explication mécaniste. Une de ces tentatives (peut-être la plus ingénieuse) avance que l'espace serait empli d'un rayonnement omniprésent qui propulserait les objets. Puisque ce rayonnement vient de tous les côtés, les forces induites se compensent ; mais, lorsque deux objets sont proches, l'un faisant de l'ombre à l'autre, le rayonnement les pousse pour qu'ils se rapprochent, ce qui serait à l'origine de la force de gravité. Le mécanisme de base a perduré jusqu'au début du XXe siècle, le vide devenant un milieu mécanique (l'éther), et ses oscillations étant interprétées comme la cause des champs électriques et magnétiques.

Métaphores, modèles et analogies

En biologie aussi, nous trouvons des métaphores persistantes qui ont eu un rôle important. Au XVIIe siècle, l'organisme était par exemple envisagé comme une machine composée de très petits éléments, si petits qu'on ne pouvait les voir. Dans la seconde moitié du siècle dernier, après la découverte du rôle fondamental de l'information codée dans l'ADN, la métaphore de l'ordinateur, dans laquelle l'appareil protéique était assimilé au matériel (*hardware*) et l'ADN au logiciel (*software*), a connu un succès colossal ; elle avait un fort pouvoir explicatif et résumait bien l'état des connaissances du moment. Plus tard, on s'est rendu compte que l'interaction entre les protéines et l'ADN était beaucoup plus complexe, l'ADN lui-même s'automodifiant. Les découvertes ultérieures ont progressivement rendu cette métaphore obsolète, même si elle est encore souvent employée.

Aujourd'hui, de nouvelles métaphores ont remplacé les précédentes dans le domaine de la biologie. Certaines sont fondées sur la complexité, sur l'idée qu'en présence d'un grand nombre d'agents en interaction (des molécules, des gènes, des cellules, des animaux ou encore des espèces selon le niveau de la discussion), des phénomènes inédits surgissent comme un effet de l'interaction collective. On a donc tendance à mettre l'accent sur ces phénomènes, si bien que des idées et autres métaphores tirées de la physique sont souvent utilisées pour expliquer leur comportement. Parmi les nombreuses idées importées, citons les réseaux (par exemple, les réseaux métaboliques) ou la géométrie fractale (précieuse pour étudier la forme des poumons, les branches des arbres ou la structure des choux-fleurs).

La physique se caractérise par un vaste recours à des modèles, et les modèles sont un type de métaphore. Une discussion entre Giovanni Jona-Lasinio et Tommaso Castellani sur la résistance des physiciens envers les métaphores et leur tendance à les démonter m'a durablement marqué. En résumé,

Jona soutenait que la comparaison entre l'ondulation des épis de blé et les vagues de l'océan n'est en rien une métaphore, puisque les équations décrivant les vagues sont similaires aux équations décrivant le mouvement des épis de blé : il s'agit en fin de compte du même phénomène, et non d'une métaphore l'un de l'autre. Castellani faisait remarquer en revanche que, pour la grande majorité des gens, le balancement des épis de blé et la houle sont deux phénomènes intrinsèquement différents.

Pourquoi les physiciens ont-ils tendance à démonter les métaphores ? Pour répondre à cette question, nous devons réfléchir à ce qu'est la physique en tant que science et à son positionnement par rapport aux mathématiques et aux autres sciences naturelles. Le physicien peut être considéré comme un mathématicien appliqué. Il part d'un problème concret et le transpose dans le langage de la physique qui, depuis Galilée, est celui des mathématiques. Le physicien mobilise parfois les mathématiques de manière non grammaticale ; toutefois, ainsi que l'écrit Jona, ne pas suivre toutes les règles de la grammaire est une licence que l'on concède aux poètes.

Mais qu'est-ce que les mathématiques exactement ? C'est une science qui opère sur des symboles dépouillés de toute signification concrète, selon le mot de Bertrand Russell : « une science dans laquelle on ne sait jamais de quoi on parle ». La raison en est simple : si nous disons que 2 + 3 font 5, il peut s'agir aussi bien de 2 appels téléphoniques + 3 appels téléphoniques, qui font 5 appels téléphoniques, que de 2 vaches + 3 vaches, qui font 5 vaches ; nous n'avons aucune idée de ce que sont les 5 « objets » en question. Cela vaut à un niveau d'abstraction extrêmement réduit et devient de plus en plus pertinent à mesure que l'on progresse vers des concepts plus abstraits. Puisque les objets mathématiques sont épurés de toute apparence sensible, les propositions mathématiques, comme les propositions logiques, ont une valeur universelle.

Le physicien, pour sa part, traduit des phénomènes concrets dans un langage mathématique où nombre de leurs caractéristiques physiques sont perdues : seules subsistent celles qui sont essentielles à l'étude du phénomène. Les oscillations des épis et les vagues sont décrites par des équations très similaires : après avoir été représentées par la même équation, elles ne sont plus une métaphore l'une de l'autre, mais deviennent des incarnations physiques différentes de la même représentation mathématique. En réalité, les équations de l'ondulation des champs de blé et celles des vagues ne sont pas identiques, mais elles appartiennent à la même famille, c'est-à-dire qu'elles admettent toutes les deux la propagation des ondes. Dans le cas des épis, la vitesse de propagation des ondes est indépendante de la longueur d'onde – la distance entre deux ondes successives –, alors que, dans le cas des vagues de la mer, la vitesse est proportionnelle à la racine carrée de la longueur d'onde en eau profonde, de sorte que les vagues d'un tsunami, qui sont extrêmement longues, se déplacent extrêmement rapidement.

Fertilisation croisée

Pour les physiciens, il est très important, comme le souligne Jona, de découvrir que des systèmes complètement différents ont la même description mathématique. Il arrive parfois que les équations soient les mêmes, mais que les expressions mathématiques correspondant aux quantités observables soient différentes. Dans ce cas, qui est le plus intéressant, le comportement observé des deux systèmes est potentiellement très différent ; ils peuvent même appartenir à des domaines de la physique totalement distincts (par exemple, la physique de l'état solide et la physique des particules), et leur réunion dans la même représentation mathématique est alors une surprise inouïe.

Dès que l'on se rend compte que deux domaines très différents de la physique sont susceptibles de relever de la même structure mathématique, on assiste souvent à un progrès rapide des connaissances, les deux domaines se fécondant mutuellement. Si les deux systèmes ont été bien étudiés, les résultats et techniques qui ont été obtenus dans le premier domaine s'appliquent au second (après une traduction appropriée). En général, lorsque le même système mathématique formel a deux réalisations physiques complètement différentes, on fait appel à son intuition physique dans les deux systèmes pour obtenir de précieuses informations complémentaires.

Dans un article qu'il a écrit avec Yoichiro Nambu en 1961, Jona décrit une analogie entre le vide quantique et la supraconductivité. L'utilisation du mot « analogie » est très datée. Entre le milieu des années 1960 et les années 1970, les scientifiques se sont rendu compte que le calcul des propriétés statistiques d'un matériau et la structure du vide quantique sont deux aspects différents du même problème mathématique. Ainsi, les informations tirées des expériences sur les métaux (nous savons par exemple que certains matériaux sont supraconducteurs) nous éclairent sur les comportements possibles du vide quantique. À partir des années 1980, le mot « analogie » disparaît, et on lui préfère une phrase comme : « Nous conjecturons que le vide quantique est supraconducteur. »

La relation entre la mécanique statistique des matériaux et la physique quantique des particules élémentaires a été très importante. L'exemple le plus frappant de cette relation est peut-être le travail initié par le même Gianni Jona et Carlo Di Castro, qui ont été les premiers à appliquer le groupe de renormalisation à l'étude des transitions de phase. En effet, comme nous l'avons noté, le groupe de renormalisation, qui avait été développé dans le contexte de la théorie quantique et relativiste des champs, ainsi que toutes les techniques affinées dans ce contexte ont été appliqués à la mécanique statistique des phénomènes critiques avec un franc succès (dont témoigne le prix Nobel attribué à Ken Wilson). Les techniques fondées sur le groupe de renormalisation ont été cruciales pour comprendre les phénomènes critiques et ont ensuite été retranscrites en physique des particules élémentaires. Au cours de cet aller-retour, elles se sont enrichies de nouvelles idées et d'une nouvelle compréhension physique des phénomènes, et ce n'est qu'à partir de ce moment que le groupe de renormalisation a commencé à jouer un rôle fondamental en physique des particules élémentaires.

Dans un cas pareil, il ne me semble pas qu'on puisse parler de métaphore : cette fertilisation croisée est très différente des figures rhétoriques traditionnelles ; la même abstraction mathématique peut être projetée sur différents systèmes physiques, et chacune de ces perspectives nous éclaire sur des aspects différents.

Prenons l'exemple des systèmes complexes, des systèmes composés de nombreux agents. Parfois, le même modèle mathématique s'applique à l'étude du comportement de systèmes magnétiques exotiques à basse température (les verres de spin), au fonctionnement du cerveau, au comportement de vastes groupes d'animaux et à l'économie. Dans un cas comme celui-ci, exploiter les conclusions d'un domaine pour effectuer des prédictions dans un autre ne revient pas exactement à recourir à une métaphore, car il s'agit de systèmes dont la formalisation mathématique est similaire. Parlons plutôt d'une tentative de transporter des concepts d'une discipline à l'autre, une tentative justifiée par une réponse commune à des structures mathématiques identiques.

J'ai commencé à chercher des métaphores, mais, pour finir, la tendance des physiciens à les démonter a prévalu en moi. J'espère avoir au moins expliqué clairement l'origine de cette habitude. J'ai bien conscience de m'être éloigné du sujet, mais parfois on sait d'où l'on part et pas où l'on arrive !

Comment naissent les idées

Dans la recherche, les nouvelles questions qui apparaissent chemin faisant sont plus nombreuses que les réponses que nous réussissons à obtenir.

D'où viennent les idées ? Comment se forment-elles, dans la tête d'un physicien théorique comme moi ? Quels types de procédés logiques utilisons-nous ? Je ne veux pas parler exclusivement des grandes idées, celles qui changent l'histoire de l'humanité, l'histoire de la pensée ; je veux plutôt parler de ce qu'on a appelé la « microcréativité », les petites idées quotidiennes qui sont cruciales pour le progrès de la science. Pour moi, une idée est une pensée inattendue, surprenante, tout sauf banale.

Je voudrais partir d'Henri Poincaré et de Jacques Hadamard. Ces deux mathématiciens, qui ont vécu au tournant des XIXe et XXe siècles, ont décrit à plusieurs reprises la manière dont leurs idées mathématiques sont nées, avec un point de vue similaire. Tous deux affirment que l'on peut identifier plusieurs étapes dans la démonstration d'un théorème en mathématiques.

- Une phase initiale de préparation, au cours de laquelle on étudie le problème, on lit la littérature scientifique et on fait les premières tentatives infructueuses de solution. Après une période qui va d'une semaine à un mois, cette phase se termine car aucun progrès n'a été réalisé.
- Il y a ensuite une période d'incubation au cours de laquelle le problème est abandonné (du moins consciemment).
- L'incubation se termine brusquement par un moment d'*illumination*, qui se produit souvent dans une situation sans rapport avec le problème que l'on souhaite résoudre, par exemple en parlant avec un ami, même de contenus sans aucun rapport avec le sujet.
- Enfin, après l'illumination qui indique les lignes générales pour aborder le problème, il s'agit effectivement d'en établir la démonstration. Cette dernière étape est parfois très longue : il faut vérifier si l'illumination était fondée, si la route indiquée est vraiment praticable, franchir tous les

passages mathématiques obligés jusqu'à obtenir une démonstration explicite.

Bien sûr, l'illumination se révèle de temps à autre erronée : elle supposait la validité de développements qui ne peuvent être démontrés. Dans ce cas, il faut tout recommencer.

Cette description est fort intéressante et réserve un rôle déterminant à la pensée inconsciente. Même Einstein était d'accord sur ce rôle : il a en effet souligné à plusieurs reprises l'importance du raisonnement inconscient. Il ne fait aucun doute que le processus consistant à mettre de côté un problème difficile, à laisser les idées se *sédimenter*, pour l'aborder à nouveau avec un esprit neuf et le résoudre est très courant. Le proverbe « La nuit porte conseil » existe en de nombreuses langues : *Consiliis nox apta* ; *Night is the mother of counsel* ; *Die Nacht bringt Rat* ; *La notte porta consiglio* ; *Antes de hacer nada, consúltalo con la almohada* (l'*almohada* est l'oreiller) ; *La note xe la mare d'i pensieri*.

Passant des grands problèmes à des problèmes plus triviaux, je voudrais vous raconter une expérience personnelle. Très souvent, pour mes recherches en physique théorique, je dois écrire des programmes sur ordinateur, une activité que je trouve amusante et relaxante. L'ordinateur est une machine totalement dépourvue de sens commun, qui fait donc exactement ce qu'on lui indique de faire et se tient au sens littéral avec une précision exaspérante. Si vous dites à un humain de prendre une route et d'aller toujours tout droit, il ne sort pas de la route au premier virage, heureusement ; ce comportement serait au contraire naturel pour un ordinateur, à moins que vous ne soyez extrêmement précis en expliquant ce que vous entendez par « aller tout droit ».

Quels que soient vos efforts, la première fois, ce que vous demandez à l'ordinateur de faire est en général légèrement différent de ce que vous voulez vraiment qu'il effectue. Souvent, un nouveau code, écrit dans l'un des nombreux langages de programmation, ne fonctionne pas : lors de tests simples, il donne des résultats complètement différents de ceux attendus (c'est du moins mon expérience : évidemment, plus le programmeur est doué, plus il vise juste).

Je ne compte plus les fois où je me suis battu toute une matinée pour essayer de comprendre quelle était l'erreur que j'avais commise : je relisais attentivement le code, je repassais en revue toutes les instructions l'une après l'autre, je me demandais si les virgules étaient à leur place, s'il manquait un point-virgule, s'il y avait un signe égal en trop ou en moins, en vain. Puis, alors que je rentrais chez moi en voiture, la solution m'apparaissait à mi-chemin (« Voilà où se cachait l'erreur ! »), que je m'empressais de vérifier immédiatement arrivé chez moi.

Ce type d'expérience est très courante. Une seule fois dans ma vie (malheureusement !), j'ai vécu un épisode beaucoup plus spectaculaire de même nature. J'avais travaillé par le passé avec d'autres collègues sur un problème très difficile ; nous avions essayé de trouver une stratégie pour le résoudre, sans succès. Pendant une longue période (dix à quinze ans), plusieurs approximations ont été proposées ; j'avais quant à moi abandonné la question – trop difficile. Et puis, durant une conférence, à déjeuner, l'un de mes amis m'a dit au détour de la conversation : « Tu sais, le problème sur lequel tu avais travaillé est très intéressant, car sa solution aurait une série d'applications qui vont au-delà de celles qui avaient été envisagées. » Je lui ai alors répondu : « Dans ce cas, il faut faire un effort pour le résoudre. Peut-être que tu pourrais essayer de… » et je lui ai exposé pas à pas la stratégie pour parvenir à la solution, stratégie qui s'est avérée être la bonne.

Pensées et paroles

Il est facile de reconnaître dans ces épisodes des exemples du processus d'incubation. Je suis convaincu que chacun d'entre nous pourrait raconter des anecdotes similaires. Si l'incubation, qu'il s'agisse de petites ou de grandes choses, est un processus non conscient, nous pouvons toutefois nous demander à quel type de logique elle obéit et dans quelles circonstances elle advient. Très souvent, on considère que la pensée est verbale et que le raisonnement inconscient n'est pas une pensée proprement dite. Einstein n'aurait pas été d'accord, lui qui soutenait que le fait d'être pleinement conscient est un cas limite, qui ne se produit jamais : il y a toujours une part d'inconscient dans la pensée.

Bien que je ne sois pas un expert en la matière, permettez-moi de vous exposer quelques-unes de mes réflexions sur la pensée consciente et inconsciente. Nous avons l'impression de penser en mobilisant des mots, en formulant des phrases. Cela est vrai non seulement lorsque nous parlons à d'autres personnes, mais aussi lorsque nous réfléchissons en silence. Si quelqu'un nous demandait de creuser un problème sans utiliser de mots, nous nous trouverions complètement démunis : nous sommes incapables de le résoudre dans notre tête sans formaliser le raisonnement par le biais du langage ; ce peut être des mots de n'importe quelle langue, mais ce doit être des mots.

La forme verbale n'épuise cependant pas la façon dont nous pensons ; lorsque nous commençons à réfléchir ou à prononcer une phrase, en réalité, nous savons déjà où nous allons. Il existe des règles de grammaire que nous devons suivre. Par exemple, nous ne commençons pas une phrase par le mot « ne » pour nous arrêter immédiatement après sans savoir que dire, car, dès que le mot « ne » nous vient à l'esprit, nous savons déjà quel est le verbe qui va suivre et probablement le reste de la phrase. S'il en va effectivement ainsi, la phrase entière doit être présente dans notre esprit sous forme non verbale avant d'être exprimée en mots.

Formaliser ses pensées à travers le langage est extrêmement important ; les mots sont puissants, ils s'enchaînent les uns aux autres et s'attirent entre eux. Ils ont au fond la même fonction que l'algorithme en mathématiques. De même que l'algorithme incarne presque à lui seul le raisonnement mathématique, les mots ont une vie propre, ils évoquent d'autres mots, nous servent à formuler des abstractions, des déductions, à déployer la logique formelle. La formulation consciente de la pensée en mots est peut-être également utile pour mémoriser ce que nous avons conçu : faute de mots, se souvenir du fruit de nos pensées semble plus délicat. Quoi qu'il en soit, la pensée verbale doit être précédée d'une pensée non verbale. Cette affirmation n'est pas si étrange quand on considère que la pensée est historiquement beaucoup plus ancienne que le langage : si celui-ci est probablement apparu il y a quelques dizaines de milliers d'années, il est difficile de croire que les humains, avant cette étape, ne pensaient pas (et aussi que les animaux ou les enfants qui ne parlent pas encore ne disposent d'aucune forme de pensée).

Malheureusement, il est très difficile de comprendre quel type de logique suit la pensée non verbale, notamment parce que la logique se réfère au langage et qu'il est presque impossible d'étudier la pensée non verbale à l'aide des mêmes outils du langage. Et pourtant, la pensée inconsciente est cruciale pour la formulation de nouvelles idées : elle est non seulement à l'œuvre pendant la longue période d'incubation mentionnée par Poincaré et Hadamard, mais elle est également à la base du phénomène plus général de l'intuition mathématique à première vue, qui présente des caractéristiques surprenantes.

Normalement, la démonstration d'un théorème se déroule en plusieurs étapes, qui s'enchaînent et finissent par conduire à la solution, déduction après déduction. Toutefois, à de très rares exceptions près, ce n'est pas ainsi que le théorème est démontré la première fois. En général, l'énoncé est formulé en premier ; puis, lorsqu'on sait d'où on part et où on doit arriver, les passages intermédiaires sont identifiés et reliés entre eux par les démonstrations nécessaires, jusqu'à aboutir à la démonstration complète. C'est un peu comme la construction d'un pont : vous décidez d'abord quels sont les points que vous voulez relier, puis vous creusez les fondations des piles intermédiaires et vous posez en dernier le tablier. Vous ne construisez pas un pont en réalisant entièrement la première travée, pour concevoir ensuite le reste. Vous risqueriez fort de découvrir que vous ne pouvez pas poser les fondations de la pile suivante.

D'une certaine façon, de même qu'une phrase doit être présente dans son intégralité avant d'être formalisée en mots, une démonstration doit être présente dans l'esprit du mathématicien, au moins dans ses grandes lignes, avant de passer à la phase déductive.

Cette façon de procéder explique pourquoi il y a tant de théorèmes valides dont la première démonstration présentée était fausse. Souvent, le mathématicien, après avoir formulé correctement le théorème et identifié une voie possible, commet une erreur dans la démonstration d'une étape. Si l'intuition était à peu près juste, il y a alors deux possibilités : soit il existe une autre manière correcte de démontrer le passage difficile, soit il existe une autre façon, plus ou moins différente, d'arriver au même résultat. Les mathématiciens parlent souvent du « sens » d'un théorème, un sens qui est énoncé dans un langage informel, le plus souvent fondé sur des analogies, des similitudes, des métaphores ou des intuitions. Mais il n'y a généralement plus aucune trace de ce sens dans les textes mathématiques, qui utilisent un autre langage : le sens justifie en quelque sorte l'intuition originale, mais, comme il ne peut pas être formalisé, il est ressenti comme quelque chose d'imprécis, susceptible d'être discuté entre amis mais certainement pas d'être inclus dans un texte rigoureux.

L'intuition

Il existe aussi une intuition physique, qui est différente de l'intuition mathématique et qui a évolué au fil du temps. Galilée, comme le souligne l'historien des sciences Paolo Rossi, a eu cette puissante intuition que le monde céleste et le monde terrestre étaient similaires et que les mêmes lois s'appliquaient aux deux. Cette affirmation a été le point de départ de nombreuses découvertes du grand homme, mais elle n'était pas facile à démontrer, car le raisonnement se mordait souvent la queue. En effet, ainsi que le fait remarquer l'irrévérencieux philosophe des sciences Paul Feyerabend, l'existence de taches solaires démontrait que le monde céleste était corruptible, sauf si celles-ci étaient un artefact dû au télescope. Comme il n'était pas possible de vérifier que le télescope ne créait pas de fausses images du monde céleste, les observations de Galilée impliquaient soit que les taches solaires existaient et donc que le monde céleste était aussi imparfait que le monde terrestre, soit que le télescope produisait de fausses images et interagissait différemment avec la lumière selon que celle-ci provenait des objets terrestres ou des objets célestes. Il est évident que la seconde hypothèse est très difficile à soutenir, puisque les taches solaires tournent à une vitesse constante (en raison de la rotation du Soleil). Cependant, l'hypothèse de lois uniques s'appliquant à l'ensemble de l'Univers choquait les conceptions de l'époque ; beaucoup n'acceptèrent pas l'intuition galiléenne et en rejetèrent les conséquences jusqu'à ce qu'elle soit démontrée.

L'intuition en physique a continué à occuper une place fondamentale après Galilée. Elle a notamment joué un rôle déterminant lors de la naissance de la mécanique quantique au début du XXe siècle, l'une des plus grandes aventures de la physique, à laquelle ont participé entre 1901 et 1930 d'éminents scientifiques tels que Planck, Einstein, Bohr, Heisenberg, Dirac, Pauli ou Fermi. Le processus d'élaboration de la théorie est en apparence très étrange, contradictoire à certains égards. Un certain nombre de phénomènes avaient été observés (comme le rayonnement du corps noir), que les physiciens de l'époque ne réussissaient pas à expliquer : leurs capacités n'étaient pas en jeu, car seule la mécanique quantique, qui n'avait pas encore été découverte à l'époque, était à même de rendre compte de ces phénomènes.

Quelle aurait été la façon de procéder la plus logique ? Inventer la mécanique quantique et donner la bonne explication, naturellement ! Dans les faits, l'histoire a suivi un chemin très différent. Diverses tentatives ont été faites pour expliquer les phénomènes quantiques dans le cadre de modèles classiques explicites : il suffisait de supposer que certains des composants moins connus du modèle se comportaient de manière bizarre (effectivement incompatible avec la mécanique classique), selon la stratégie typique « il y a des choses que nous ne comprenons pas encore, mais des futures recherches permettront d'apporter une réponse ». C'est ainsi qu'un grand nombre de contributions contradictoires ont fleuri après la publication de l'article de Planck en 1900, certaines franchement fausses ; d'un autre côté, elles ne pouvaient pas être justes, car elles tentaient de faire quelque chose d'impossible, à savoir justifier les phénomènes quantiques dans le cadre de la mécanique classique. Pour expliquer le rayonnement du corps noir, Planck suppose par exemple que la lumière interagit avec des oscillateurs ayant les bonnes propriétés quantiques, ce qui est absolument incompatible avec les principes généraux de la physique classique. Et pourtant, Planck ne se rend pas compte que la compatibilité supposée avec la physique classique n'existe pas et continue imperturbablement son raisonnement.

Il est très impressionnant de constater que les explications partielles présentées étaient effectivement correctes. L'intuition physique était si forte que les auteurs, tout en pensant rester dans le giron de la mécanique classique, parvenaient à livrer une explication aux phénomènes quantiques et portaient toujours plus loin la contradiction entre la mécanique classique et les phénomènes observés. À la fin, les contradictions étaient devenues trop nombreuses, mais de nombreux aspects de la nouvelle mécanique quantique avaient déjà été esquissés. Par exemple, dans la théorie de Bohr de 1913, en supposant que l'électron qui tourne autour de l'atome d'hydrogène ne peut rester que sur certaines orbites qui satisfont à une certaine condition, il devenait possible de calculer de manière simple les raies spectrales de la lumière émise par l'hydrogène ; l'hypothèse n'était pas défendable en mécanique classique, mais elle a été fondamentale pour fournir les indices nécessaires à la construction de la théorie quantique lorsque, une décennie plus tard, la nécessité d'élaborer une nouvelle mécanique s'est imposée.

Les derniers obstacles tombent en 1924-1925 ; les progrès se succèdent à un rythme impressionnant, si bien que, fin 1927, la nouvelle mécanique quantique a pratiquement atteint sa formulation définitive. Le travail préparatoire (qui a duré vingt-cinq ans, de 1900 à 1925) a été possible précisément parce qu'il y avait une forte intuition sur la façon dont le système physique était organisé. C'était une intuition très différente de celle des mathématiciens, qui a engendré des contributions déterminantes pour faire avancer la physique, malgré des arguments souvent erronés.

Toujours à propos de l'intuition, un de mes amis, un physicien expérimental des basses températures, me disait : « Il faut finir par connaître si intimement son dispositif expérimental, le système que l'on mesure, les phénomènes que l'on observe, que l'on devient capable de fournir les bonnes réponses instinctivement. Si on te pose (ou si tu te poses) une question, tu dois pouvoir répondre immédiatement sans te tromper. Et puis, après réflexion, tu dois aussi pouvoir dire pourquoi ta réponse était correcte. » Giovanni Gallavotti, dans la préface de son beau livre sur la mécanique, écrit qu'un bon étudiant doit retourner la démonstration d'un théorème dans tous les sens, jusqu'à ce que le théorème lui semble évident et la démonstration, par conséquent, inutile.

L'intuition dépend beaucoup du domaine ; dans certains cas, elle s'appuie sur le formalisme mathématique. Le formalisme est un outil extrêmement puissant, mais il le devient encore davantage si l'inconscient lui-même commence à s'habituer à manipuler des procédures algorithmiques. Comme nous l'avons vu, lors de mes premières recherches sur les verres de spin, j'ai utilisé la méthode des répliques, un formalisme pseudo-mathématique (dans le sens où la validité mathématique de ce que j'étais en train de faire ne serait démontrée que plusieurs années plus tard) qui m'a permis d'arriver au résultat final sans comprendre ce que je faisais, et il m'a ensuite fallu des années pour saisir la signification physique de mes résultats. Je m'étais inconsciemment construit un ensemble de règles que j'appliquais pour déterminer la direction à suivre dans mes calculs, des règles que j'aurais été bien incapable de formaliser.

Avancer ainsi de façon inconsciente n'est nullement l'apanage des scientifiques. Une grande écrivaine italienne du XXe siècle, Luce d'Eramo, confiait volontiers que, lorsqu'elle travaillait à un roman, elle relisait généralement tout ce qu'elle avait écrit jusque-là et décidait de la façon dont la scène suivante commencerait. Elle considérait ensuite mentalement ses personnages, les disposait sur la scène et les observait agir : « Ce n'est pas moi qui décide ce qu'ils vont faire ; je me contente de les imaginer et de les observer pendant qu'ils parlent, pendant qu'ils agissent : je transcris ce qu'ils font. » Les similitudes avec la procédure décrite par Poincaré et Hadamard sont évidentes.

Connaître la conclusion

Je voudrais maintenant présenter un dernier argument qui suggère que notre mode de raisonnement est plus complexe que nous le pensons. J'ai toujours été frappé par la difficulté de parvenir à démontrer la véracité ou l'inexactitude d'une affirmation lorsque nous n'avons aucune idée du résultat final. S'il existe de solides arguments heuristiques impliquant qu'une affirmation est vraie (ou fausse), il est souvent – mais pas toujours – beaucoup plus *facile* de trouver la démonstration. Dans le cas contraire, celui où nous n'avons pas d'indices sur le résultat, on pourrait penser qu'il suffit d'employer deux fois plus de temps pour arriver au même résultat : vous commencez par raisonner comme si vous saviez que le résultat était vrai, puis comme si vous saviez qu'il était faux. Or c'est beaucoup plus facile à dire qu'à faire : dans la pratique, la personne essaye de trouver des arguments pour prouver la véracité de l'affirmation ; si elle n'y arrive pas, elle tente alors de prouver qu'elle est fausse et oscille entre les deux positions sans avancer dans son raisonnement. Nous avons beau tenter de passer consciemment d'une hypothèse à l'autre, notre inconscient reste indécis.

Le rôle déterminant d'une petite information supplémentaire s'incarne dans un épisode dont j'ai été témoin et qui m'a laissé sans voix. Une propriété très intéressante (je l'appellerai X par commodité) avait été vérifiée dans le contexte de modèles extrêmement simplifiés, et il était crucial pour le développement de la théorie de savoir si elle pouvait être démontrée pour des systèmes réalistes. Mes amis et moi en parlions depuis des années : personne n'avait la moindre idée de la manière d'aborder cette démonstration, et nous nous demandions même si la propriété était effectivement démontrable, en admettant qu'elle fût vraie.

Un jour, mon ami Silvio Franz me raconta qu'avec Luca Peliti, il avait démontré la propriété X grâce à une idée élémentaire quoique extrêmement astucieuse. J'étais ravi ; j'allais à Paris et, au cours d'une conférence, j'ai déclaré que j'étais extrêmement confiant quant à la possibilité de démontrer la propriété X. Je n'ai toutefois pas annoncé le résultat, car je voulais attendre que Silvio et Luca aient écrit la démonstration. Après mon intervention, un autre ami, Marc Mézard, m'a abordé sur les marches de l'École normale supérieure : « Excuse-moi, Giorgio, mais pourquoi as-tu dit que tu étais sûr que la propriété X était démontrable ? Tu sais très bien que nous n'avons aucun moyen de la démontrer. » Je lui ai répondu : « Marc, la propriété X vient d'être démontrée par Silvio Franz et Luca Peliti : ils m'ont décrit la démonstration et elle est correcte. » À ma grande surprise, Mézard a instantanément réagi : « Ah oui, je vois comment ils ont fait », et sans attendre, sur le perron, il m'a exposé dans ses grandes lignes la bonne démonstration. La simple information que la propriété X pouvait être démontrée à partir de connaissances communes lui avait suffi pour parvenir à la démonstration tant recherchée en moins de dix secondes.

Il est stupéfiant de constater que, parfois, un infime élément d'information suffit pour réaliser des progrès substantiels dans un domaine qui a fait l'objet d'une réflexion approfondie. Einstein raconte ainsi qu'en 1907, plongé dans d'intenses réflexions sur la gravité, il a eu un jour « l'intuition la plus heureuse de [sa] vie » : lorsque nous tombons en chute libre, nous ne ressentons plus la force de gravité, la gravité s'annule autour de nous ; elle dépend donc du référentiel, si bien qu'en choisissant un référentiel approprié, il est possible de l'annuler, au moins localement. En partant de cette observation, il construisit la théorie de la relativité générale, qui est sans doute sa contribution la plus profonde et la plus en avance sur son temps.

On dit qu'Einstein a eu cette intuition après un incident curieux (je ne suis pas sûr que l'histoire soit vraie, mais, si elle ne l'est pas, elle est bien trouvée). Au troisième étage de l'immeuble du savant, un peintre en bâtiment travaillait sur un échafaudage, assis sur une chaise. Un jour, le voilà qui se penche trop, perd l'équilibre et bascule dans le vide non sans rester assis sur la chaise, ne se cassant heureusement que quelques os. Quelques jours plus tard, en discutant avec un voisin, Einstein se demande à quoi pouvait penser bien ce pauvre peintre durant sa chute. Le voisin lui répond : « Je lui ai parlé et il m'a dit qu'alors qu'il tombait, il n'avait plus l'impression d'être assis sur sa chaise, comme si la gravité n'existait plus. » Einstein se saisit de l'observation du peintre et part de là pour formuler la relativité générale. Et il est remarquable de constater que l'origine des théories de la gravitation est toujours liée à la chute de quelque chose, pour Newton une pomme, pour Einstein… un peintre.

Le sens de la science

Mettre l'accent sur les retombées immédiates de la recherche est une folie. La réponse de Faraday au ministre britannique qui lui demandait à quoi servaient ses expériences sur l'électromagnétisme est restée célèbre : « Pour l'instant, je n'en sais rien, mais selon toute probabilité, vous prélèverez un jour des impôts dessus. »

« La science, c'est comme le sexe : elle peut donner des résultats concrets, mais ce n'est pas la raison pour laquelle on la pratique », disait Richard Feynman, l'un des plus grands physiciens du XXe siècle, peut-être le plus drôle.

Cette phrase, ainsi que l'injonction de Dante « Vous ne fûtes point faits pour vivre comme des brutes, mais pour suivre vertu et connaissance », reflète fort bien les *passions subjectives* [1] des scientifiques. La science est un

1. N.d.T. Référence à Boukharine, voir p. 169.

puzzle immense, et toute pièce insérée au bon endroit ouvre la possibilité d'en placer d'autres. Chaque scientifique ajoute quelques tesselles à cette gigantesque mosaïque, en sachant que, lorsque sa contribution et son nom seront oubliés, ceux qui viendront après lui monteront sur ses épaules pour voir plus loin.

L'entreprise scientifique pourrait être rendue par la métaphore suivante. Des marins débarquent par une nuit noire sur une île inconnue. Ils allument un feu sur la plage et commencent à distinguer ce qui les entoure. Lorsqu'ils mettent du bois dans le brasier, la zone éclairée s'agrandit, mais la région qui s'étend au-delà reste mystérieuse. On la distingue à peine dans l'obscurité quasi totale, et plus les flammes donnent de la lumière, plus cette zone devient vaste. De même, plus nous explorons l'Univers, plus nous découvrons de nouvelles régions à explorer : chaque découverte nous permet de formuler de nouvelles questions que nous étions auparavant totalement incapables de concevoir.

Au-delà de ces considérations, pour les scientifiques, il est essentiel de s'amuser en essayant de résoudre le puzzle. Mon professeur Nicola Cabibbo, lorsque nous discutions de nos programmes de recherche, avait l'habitude de dire : « Pourquoi devrions-nous étudier ce problème si nous ne nous amusons pas ? » Souvent, les scientifiques sont presque étonnés d'être payés pour faire ce qui les passionne. Un de mes chers amis, Aurelio Grillo, avait l'habitude de dire : « Faire de la physique est un dur labeur, mais c'est toujours mieux que d'aller travailler. »

Cependant, si l'on excepte de rares cas où le scientifique était issu d'une famille aisée et menait ses travaux lors de ses longs moments de loisir (je pense par exemple à Pline l'Ancien ou à Fermat), les femmes et les hommes de science ont toujours été confrontés à la nécessité de gagner leur pain, et les applications pratiques de leurs recherches ont joué un rôle fondamental à cet égard. Il suffit de penser à l'une des premières sciences à émerger : l'astronomie. Il est difficile d'imaginer concrètement, maintenant que nous vivons dans des villes bien éclairées, quels devaient être dans les civilisations primitives le prestige et le pouvoir de ceux qui décryptaient le cycle des saisons, le mouvement des étoiles et qui étaient capables de prédire les éclipses de Lune (sans parler de leur terrifiant pendant, les éclipses de Soleil).

Même si le soutien de certains mécènes n'était parfois motivé que par le prestige culturel ou social, l'importance des applications concrètes n'échappait certainement pas aux scientifiques. Galilée a par exemple proposé de recourir à l'occultation des satellites de Jupiter comme méthode pour déterminer l'heure absolue sans avoir besoin d'horloges de précision et ainsi établir la longitude. La proposition de Galilée était toutefois trop fastidieuse à mettre en pratique, et le problème a finalement été résolu au siècle suivant avec l'invention du chronomètre de précision, qui venait couronner plus de cent ans de recherche.

Plusieurs des académies qui dominent encore la scène et qui ont, entre autres, pour but de coordonner la recherche scientifique ont été fondées aux XVIIe et au XVIIIe siècles : l'Accademia dei Lincei en 1603, la Royal Society en 1660, l'Académie des sciences en 1666, l'American Philosophical Society en 1743. Cette dernière est particulièrement intéressante : elle a été fondée par Benjamin Franklin dans le but déclaré de « *promouvoir des connaissances utiles* ».

Au fil des années, la science devient de plus en plus utile à la société (le développement économique repose sur le progrès scientifique), mais aussi de plus en plus coûteuse et nécessite des installations et une organisation toujours plus complexes. La Seconde Guerre mondiale marque les balbutiements de la science de masse (ou *Big Science*) : Vannevar Bush coordonne l'effort de guerre de 6 000 scientifiques américains tandis que, dans le même temps, 50 000 personnes travaillent à la construction des premières bombes atomiques. Aujourd'hui, le secteur de la recherche et du développement représente un peu plus de 1 % du produit intérieur brut de l'Italie, mais atteint plus de 4 % en Corée du Sud (non seulement celle-ci nous a éliminés de la Coupe du monde 2002, mais elle dépense trois fois plus que l'Italie en recherche et développement).

La science et ses institutions doivent être financées par la société, qui se moque bien que les scientifiques s'amusent ou non. Ce point de vue a été exprimé très clairement par la délégation soviétique au Congrès d'histoire des sciences et des techniques qui s'est tenu à Londres en 1931. Nikolaï Boukharine (une personnalité politique de premier plan, très populaire en URSS, qui fut plus tard l'une des plus illustres victimes des purges staliniennes) écrivait que « l'idée du caractère autosuffisant de la science ("la science pour la science") est naïve : elle confond les *passions subjectives* du savant professionnel qui travaille dans un système de profonde division du travail [...] avec le *rôle social objectif* de cette sorte d'activité comme activité d'une grande importance *pratique* ».

Le développement technologique est impensable sans un progrès parallèle de la science pure. Comme cela a été bien souligné dans un livre de 1977, *L'Ape e l'Architetto* [1], la science pure non

1. N.d.T. De Giovanni Ciccotti, Marcello Cini, Michelangelo De Maria, Giovanni Jona-Lasinio. Traduit en fran-

seulement fournit à la science appliquée les connaissances dont elle a besoin pour se développer (langages, métaphores, cadres conceptuels), mais elle joue aussi un rôle plus cryptique et non moins important. En effet, les activités scientifiques de base fonctionnent comme un gigantesque circuit de test pour les produits technologiques et comme un aiguillon pour la consommation de biens de haute technologie avancée.

Cette intégration profonde de la science et de la technologie pourrait laisser penser que la science a un avenir radieux devant elle, dans une société qui devient de plus en plus dépendante des technologies de pointe (les téléphones portables omniprésents aujourd'hui ont une capacité de calcul de centaines de milliards d'opérations arithmétiques par seconde, soit à peu près la même que les superordinateurs gigantesques d'il y a vingt-cinq ans).

Et pourtant, c'est le contraire qui semble se vérifier aujourd'hui : de fortes tendances antiscientifiques s'expriment dans la société actuelle, le prestige de la science et la confiance qui repose en elle diminuent rapidement, les pratiques astrologiques, homéopathiques et antiscientifiques (voir

---

çais sous le titre *L'Araignée et le tisserand : paradigmes scientifiques et matérialisme historique,* Paris, Éditions du Seuil, 1979.

par exemple le mouvement antivax ou la négation de *Xylella* comme origine de la maladie des oliviers des Pouilles, sans parler des négationnistes de la Covid) se répandent en même temps qu'un consumérisme technologique vorace.

Il n'est pas facile de comprendre pleinement l'origine de ce phénomène ; il est possible que la méfiance de masse à l'égard de la science soit en partie due à une certaine arrogance des scientifiques. Ces derniers la présentent comme un savoir absolu qui s'opposerait à d'autres connaissances plus ou moins discutables, même lorsque tel n'est pas le cas. L'arrogance consiste parfois à ne pas essayer de transmettre au public les preuves dont on dispose, mais à exiger un assentiment inconditionnel fondé sur la confiance envers les experts. Le refus d'accepter ses propres limites est susceptible de miner le prestige des scientifiques, qui affichent souvent une confiance excessive non justifiée, face à une opinion publique sensible à leur partialité et à leurs limites. Parfois, de mauvais vulgarisateurs présentent les résultats de la science comme une sorte de sorcellerie supérieure, dont les motivations ne seraient accessibles qu'aux initiés. De telles attitudes contribuent à pousser les non-scientifiques vers des positions irrationnelles. Face à une science perçue comme une magie hors d'atteinte, ce sont d'autres espoirs qui sont alors cultivés (un thème repris en détail par Marco d'Eramo dans *Lo Sciamano in elicottero*, 1999) : si la science devient une pseudomagie, pourquoi ne pas opter pour la vraie magie ?

Par ailleurs, croire que le développement technologique dépend inéluctablement de la recherche scientifique serait une erreur tragique. Les Romains ont préservé la technologie grecque sans trop se soucier de la science, et les chrétiens fanatiques, menés par le saint évêque et père de l'Église Cyrille d'Alexandrie, ont tranquillement mis en pièces l'astronome mathématicienne Hypatie sans se préoccuper des conséquences à long terme ; bien au contraire, ils se réjouissaient de la disparition de connaissances profanes jugées inutiles, si ce n'est nuisibles.

Même si la science continue de se développer et de tirer la technologie à l'échelle mondiale, rien ne garantit qu'il en sera ainsi dans un pays comme l'Italie. La désindustrialisation systématique est le fil conducteur de notre histoire depuis la mort mystérieuse d'Enrico Mattei (1962 [1]), ainsi que le

1. N.d.T. Enrico Mattei, président d'ENI, la compagnie pétrolière publique italienne, avait pris des positions contraires aux intérêts des compagnies pétrolières d'autres pays. Le 28 janvier 1962, il meurt dans le crash de son avion personnel. Les causes de l'accident n'ont jamais été éclaircies, la justice ayant estimé qu'il s'agissait probablement d'une tentative d'assassinat.

désintérêt de plus en plus marqué de la grande industrie pour la recherche, après la fin d'expériences pilotes comme celle d'Olivetti. Il est tout à fait possible que nos gouvernants décident un jour que l'industrie et la recherche italiennes sont destinées à occuper une place de plus en plus secondaire et laissent notre pays glisser lentement vers le tiers-monde.

Si l'on considère également le lent déclin des écoles publiques, le désinvestissement de l'engagement financier du gouvernement italien en faveur du patrimoine culturel (il suffit de rappeler que la restauration du Colisée a été réalisée avec des fonds privés et que le Fonds unique pour les arts du spectacle diminue chaque année jusqu'à représenter la moitié du montant alloué il y a vingt ans), nous constatons que *toutes* les activités culturelles italiennes connaissent un déclin lent, mais constant.

Nous devons défendre notre culture sur tous les fronts, sous peine de ne plus pouvoir la transmettre aux nouvelles générations. Si les Italiens perdent leur culture, que reste-t-il de la Péninsule ? Un front commun de tous les opérateurs culturels (des enseignants de maternelle aux académies, des programmateurs aux poètes) doit être mis en place pour affronter et résoudre l'urgence culturelle actuelle.

La science doit être défendue non seulement pour ses aspects pratiques, mais aussi pour sa valeur culturelle. Nous devrions avoir le courage de prendre exemple sur le physicien Robert Wilson. En 1969, face à un sénateur qui lui demandait avec insistance quelles étaient les applications possibles de la construction de l'accélérateur de Fermilab, près de Chicago, qu'il avait contribué à créer, et notamment s'il pouvait s'avérer d'une utilité militaire quelconque pour la défense des États-Unis, Wilson répondait : « Sa valeur est liée à notre amour de la culture. Sommes-nous de bons peintres, de bons sculpteurs, de grands poètes ? Toutes ces choses que nous vénérons et honorons dans notre pays et qui nous rendent fiers. En ce sens, ce nouveau savoir ne sert pas directement à défendre notre patrie, mais contribue à la rendre digne d'être défendue. »

Pour que la science s'impose comme culture, la population doit être sensibilisée à ce qu'est la science, à la manière dont science et culture s'imbriquent l'une dans l'autre, tant dans leur développement historique que dans la pratique d'aujourd'hui. Nous devons expliquer sans magie aucune ce que font les scientifiques d'aujourd'hui, quels sont les défis actuels. Ce n'est pas facile, surtout dans les sciences dures où les mathématiques jouent un rôle essentiel ; cependant, avec un certain effort, on obtient de très bons résultats.

On dit souvent que les sciences dures ne sont pas compréhensibles pour ceux qui n'ont pas étudié les mathématiques. Mais le même problème se pose avec la poésie chinoise, qui est un mélange indissociable de littérature et de peinture : le manuscrit original du poème est un tableau où chaque idéogramme est un élément pictural, représenté différemment à chaque fois. La dimension visuelle de l'œuvre est totalement perdue lors de la traduction, et sa beauté ne peut être pleinement appréciée par ceux qui ne connaissent pas bien le chinois. Mais de même qu'il est possible de transmettre un reflet de la beauté de la poésie chinoise en italien, nous pouvons faire comprendre la beauté des sciences dures à ceux qui ne connaissent pas les mathématiques et n'ont pas étudié les sciences.

Ce n'est guère facile, mais c'est possible. Il faut encourager les initiatives qui mettent un grand nombre de personnes en contact avec la science moderne. Si cela n'est pas fait, les scientifiques n'échapperont pas à leurs responsabilités.

Non, rien de rien…

Non, je ne regrette rien... Lors d'un déjeuner au CERN, Tini Veltman m'avait donné ce conseil : « Ne te disperse pas ; mieux vaut se concentrer sur quelques tâches, mais d'importance. »

Je n'ai jamais réussi à déterminer si le fait de voir un prix Nobel vous passer sous le nez à l'âge de 25 ans est quelque chose qui se raconte avec fierté ou bien l'un de ces secrets un peu honteux qu'il vaudrait mieux oublier. Je penche pour la seconde hypothèse, mais, comme l'histoire est amusante, je la raconte quand même. Il faut toutefois faire un petit effort pour comprendre le contexte, sinon elle devient beaucoup moins drôle.

Revenons à la fin des années 1960. Le panorama expérimental était clair : le proton, le neutron et les autres particules connues à l'époque interagissent fortement les uns avec les autres. En d'autres termes, si nous les faisons entrer en collision, leur trajectoire change et, aux hautes énergies, la collision produit de nombreuses autres particules. Fait remarquable, il est très rare que deux protons rebondissent élastiquement l'un contre l'autre comme deux boules de billard quand l'énergie du choc est très élevée.

Une théorie expliquait la rareté de ces collisions en affirmant que le proton et le neutron sont des particules composites : lors du choc, ils se désagrègent littéralement et ne réussissent pas à rebondir en restant entiers. Il restait cependant à comprendre comment se comportaient les entités fondamentales, ces particules qui constituaient les protons et les neutrons. Il y avait deux possibilités.

- Les collisions au cours desquelles ces particules rebondissaient étaient fréquentes, même à des énergies très élevées. Les particules interagissaient donc fortement les unes avec les autres à toutes les énergies. Dans ce cas, le comportement de la matière restait difficile à comprendre, et il n'y avait pas de simplification aux hautes énergies.
- Les collisions au cours desquelles les particules fondamentales rebondissaient étaient *peu* fréquentes, c'est-à-dire que les particules

interagissaient faiblement entre elles à haute énergie et devenaient presque transparentes les unes aux autres. Le comportement à haute énergie des constituants des protons et des neutrons était facile à calculer : en pratique, leurs trajectoires ne changeaient pas, comme s'il n'y avait aucune interaction. Une telle théorie est ce qu'on appelle aujourd'hui *asymptotiquement libre* (dans le jargon des physiciens, une théorie est *libre* lorsque les particules ne dévient pas de leur trajectoire, et *asymptotiquement* signifie « à haute énergie »).

Une théorie asymptotiquement libre présentait l'avantage qu'aux hautes énergies, certaines quantités étaient assez aisément calculables : il y avait donc un très grand nombre de phénomènes potentiellement prévisibles, pour le plus grand bonheur des théoriciens. Cependant, comme l'Univers n'a selon toutes probabilités pas été conçu pour faciliter la vie des physiciens, cet argument n'impliquait pas que l'Univers puisse nécessairement être décrit par une théorie asymptotiquement libre.

J'avais commencé à travailler en suivant la première hypothèse : elle me plaisait davantage, parce que c'était la situation la plus difficile à comprendre et qu'obtenir des résultats dans ce cadre représentait un plus grand défi. Cela revenait aussi, comme dans la fable d'Ésope, à ne pas vouloir cueillir les raisins : « Ils sont trop verts. » Et en effet, personne n'avait été capable de penser une théorie dans laquelle les constituants possibles interagissaient de moins en moins à mesure que l'énergie augmentait ; je pense que les quelques personnes qui avaient réfléchi au problème estimaient qu'une telle théorie n'existait probablement pas.

En 1955, le brillant physicien russe Lev Landau avait remarqué que, dans toutes les théories connues, la force de l'interaction augmentait avec l'énergie, sauf peut-être dans le cas d'interactions similaires aux interactions électromagnétiques, mais dans lesquelles le champ lui-même était chargé (décrites par les théories dites de Yang-Mills), pour lesquelles les calculs étaient difficiles ; il n'était donc pas encore possible de savoir si ce cas était vérifié ou pas. Du point de vue technique, Landau avait découvert l'existence d'une fonction (communément appelée *bêta*) qui contrôlait le comportement aux hautes énergies : si la fonction bêta était positive, l'interaction restait toujours intense ; si la fonction bêta était négative, la théorie était asymptotiquement libre.

En 1968, Richard Feynman propose que les particules connues soient composées de constituants ponctuels [1] dont les interactions sont négligeables

1. N.d.T. Ou pointiformes, c'est-à-dire qu'elles n'ont pas de dimensions spatiales.

à haute énergie, qu'il appelle des « partons », parce qu'ils sont des « parties » de la matière. Malgré le succès de cette proposition, les efforts visant à construire une théorie asymptotiquement libre stagnent.

Ce n'est qu'en 1972 que Sidney Coleman publie un article dans lequel il montre que les conclusions de Landau sont parfaitement justifiées, même en considérant des modèles plus compliqués que ceux étudiés par le physicien russe. Il restait à étudier les théories de Yang-Mills pour comprendre le signe de la fonction bêta : un signe négatif aurait été une surprise inattendue avec de profondes conséquences physiques. Par une certaine ironie du sort, nous avons découvert bien des années plus tard que le calcul avait déjà été fait en 1969 par un physicien russe (Iossif Bentsionovitch Khriplovitch) et publié dans une revue russe traduite en anglais que nous avions dans notre bibliothèque. Le pauvre physicien était en avance sur son temps. Malgré la grande élégance et la clarté de son calcul, personne n'a prêté attention à son résultat : je l'ai moi-même découvert par hasard en voulant consulter un autre article publié dans le même numéro.

À l'époque, j'étais tout à fait conscient de l'importance de calculer le signe de la fonction bêta dans les théories de Yang-Mills. J'étais toutefois absorbé par un autre problème (les transitions de phase) et n'y consacrai que peu de temps. Je me souviens qu'après avoir lu les travaux de Coleman au printemps 1972, j'ai commencé à réfléchir au signe de la fonction bêta dans ces théories. Un jour, alors que je barbotais dans la baignoire de la maison parentale, je me concentrai sur le problème en fixant les murs recouverts de marbre orange. Il m'est immédiatement apparu que la fonction bêta devait être composée de la somme de trois parties distinctes : deux avaient des signes opposés et s'annulaient mutuellement, la troisième était irrémédiablement positive, de sorte que le total devait être positif.

Si j'avais consacré un peu plus de temps à la question et refait mes comptes en utilisant les règles de calcul des théories de Yang-Mills, que je connaissais théoriquement sans les avoir jamais manipulées, je me serais bien sûr aperçu qu'il fallait ajouter une quatrième partie, négative, qui dominait le résultat qui était donc pour finir négatif. Mais le résultat positif me plaisait, je n'ai pas vérifié mes calculs et je suis resté sur une idée fausse. Ce n'est toutefois pas l'épisode que je voudrais raconter : mon erreur relève ici typiquement de la précipitation. Si elle n'est pas particulièrement significative, elle est néanmoins utile pour situer les prémices de l'affaire.

À partir de ce moment, la situation a commencé à évoluer rapidement. Lors d'une conférence à Marseille durant l'été 1972, un tout jeune physicien d'Utrecht, Gerard 't Hooft (26 ans à l'époque) a annoncé qu'il avait calculé le signe de la fonction bêta dans les théories de Yang-Mills... et que le résultat était négatif ! Cette grande annonce est tombée dans l'indifférence totale ; très peu de personnes étaient présentes, et elles n'y ont pas prêté beaucoup d'attention. Un de mes amis, expert en la matière, interrogé à ce sujet un an plus tard, s'est souvenu que 't Hooft avait effectivement fait une communication, mais il était incapable de dire sur quoi.

La seule personne qui avait pleinement compris l'importance du résultat de 't Hooft était Kurt Symanzik, un génial physicien allemand d'une cinquantaine d'années, qui a encouragé 't Hooft à écrire un article sur le sujet. Avec son directeur de thèse, Tini Veltman, 't Hooft venait de résoudre un problème fondamental pour la théorie des interactions faibles (pour lequel ils ont conjointement remporté le prix Nobel en 1999) et avait commencé à mettre en place des calculs extrêmement difficiles sur la gravité quantique : le calcul de la fonction bêta n'était pour lui qu'une mise en bouche, et il n'avait pas le temps de le coucher sur papier.

J'étais très ami avec Symanzik. En novembre de la même année, je suis allé lui rendre visite pendant quinze jours à Hambourg : il m'a emmené dans un restaurant situé au sommet de la tour de télévision, où l'on pouvait manger autant de gâteaux que l'on voulait (il y en avait six sortes et j'ai pris une part de chaque), nous avons assisté à une magnifique production de *La Flûte enchantée*, nous avons dîné chez lui de galettes et de maquereaux à l'huile arrosés de lait longue conservation « renforcé » au lait concentré et, surtout, nous avons discuté de physique pendant des dizaines d'heures, passant au crible tous les sujets d'intérêt commun.

Étonnamment, il ne me parla pas du résultat de 't Hooft. Comme Veltman me l'a expliqué un an plus tard, Symanzik lui avait dit : « *Parisi is so wild*, si impétueux, mieux vaut ne rien lui dire. » Symanzik craignait que j'écrive un article sur le sujet en utilisant le résultat de 't Hooft, bien entendu en reconnaissant sa contribution. Cela aurait été parfaitement correct de ma part, mais Symanzik préférait que le résultat soit communiqué au monde directement par 't Hooft et non par une tierce personne tenant lieu d'intermédiaire.

Ce n'est qu'en février 1973 que Symanzik m'a informé du résultat de 't Hooft. À cette époque, je venais de faire d'importants progrès sur les transitions de phase, et mon attention était un peu ailleurs. Mais je venais de m'installer au CERN à Genève pour deux mois, et, comme 't Hooft travaillait également dans le même centre de recherche, nous avons décidé de nous rencontrer un matin pour voir comment nous pourrions utiliser son résultat pour construire une théorie asymptotiquement libre du proton et d'autres particules.

Il fallait en effet identifier les constituants possibles qui étaient à la base de la théorie et vérifier dans quel cas spécifique le calcul de 't Hooft donnait une fonction bêta négative. C'était en apparence chose facile ; en 1964, l'hypothèse des quarks avait été avancée et, en 1971, Gell-Mann, Bardeen et Fritzsch avaient proposé la théorie selon laquelle chaque quark existe en trois couleurs différentes, qui interagissent en échangeant des gluons colorés : en gros, la théorie de Yang-Mills étudiée par 't Hooft pour ce qui concernait les gluons, avec l'ajout de quarks.

Je connaissais très bien la théorie de Gell-Mann : il était venu à Rome et l'avait exposée lors d'une conférence publique, où il avait montré que cette théorie expliquait les données obtenues à l'accélérateur ADONE situé à Frascati, le laboratoire où je travaillais. L'argument de Gell-Mann reposait sur l'hypothèse que les quarks n'interagissent pas aux hautes énergies, et donc que la théorie était asymptotiquement libre. J'avais misé sur l'hypothèse opposée, à savoir que les quarks continuaient à interagir même à des énergies élevées, et, avec beaucoup de présomption, je décidai que le résultat de Gell-Mann était simplet, car il ne tenait pas compte de toutes les complications d'une théorie dans laquelle les quarks interagissaient. Et je remisai le tout dans un placard de ma mémoire.

Rétrospectivement, la conversation avec 't Hooft fut surréaliste.

« Bonjour, Gérard, quel beau résultat tu as obtenu ! Essayons de voir s'il peut nous aider à construire une théorie décrivant le proton et les autres particules.

– Excellente idée, Giorgio ! Mais comment faire ? Les champs de Yang-Mills doivent avoir une charge quelconque… Quelle charge pouvons-nous utiliser ?

– Nous pourrions prendre la charge électrique et d'autres charges du même type.

– Ça ne marchera jamais, Giorgio. Cela entraînerait des difficultés insurmontables avec les données expérimentales !

– Essayons de voir si nous pouvons trouver une solution pour que ma proposition fonctionne.

– Non, ce n'est pas possible. »

Il m'explique en détail pourquoi et je ne trouve aucune faille dans son raisonnement.

« Tu as tout à fait raison, Gerard ! Ta théorie ne peut pas être appliquée pour décrire le proton et les autres particules. Quel dommage. On se revoit bientôt. »

Nous ne pensâmes pas un seul instant à considérer la charge de couleur, ainsi que l'avait proposé Gell-Mann. Il aurait suffi à ce moment que je voie le nom de Gell-Mann écrit quelque part (sur un tableau, par exemple), ou que, dans les jours suivants, quelqu'un, même à table, mentionne le modèle de Gell-Mann, et je courais chez 't Hooft en criant « Eurêka ! ». Quelques jours plus tard, nous aurions été en train de faire les vérifications nécessaires et d'envoyer notre article à une revue. Ce fut un aveuglement incroyable, dont je porte l'entière responsabilité. Gerard était un physicien théorique très profond, capable d'analyser des aspects extrêmement raffinés de la théorie ; je connaissais pour ma part sur le bout des doigts les travaux expérimentaux et les différents modèles proposés dans la littérature : c'est moi qui aurais dû identifier le bon modèle. Cet après-midi de 1973, nous avons raté une chance d'obtenir le Nobel. Heureusement pour nous deux, ce ne serait pas la seule.

Quelques mois plus tard, Hugh David Politzer d'une part, David Gross et Frank Wilczek d'autre part refirent de façon concomitante les calculs de 't Hooft et identifièrent correctement les charges des champs de Yang-Mills. Ce fut la naissance de la chromodynamique quantique et l'article valut à ses trois auteurs le prix Nobel en 2004. Ne me restait qu'une bonne histoire à raconter.

Bien des années plus tard, j'ai rencontré lors d'une conférence un ami qui avait suivi l'histoire de près. Pendant que nous attendions dans un couloir, nous avons commencé à parler de Ken Wilson, qui a reçu le prix Nobel de physique en 1982 pour sa théorie des transitions de phase. En particulier, nous avons évoqué l'argument de Wilson selon lequel une théorie qui ne serait pas asymptotiquement libre serait plus élégante, mais, étant donné que l'Univers n'a pas été créé par quelque couturier, l'élégance de la théorie n'est pas un critère décisif. J'ai ajouté qu'à l'époque, j'étais tout à fait d'accord avec Wilson et que, pour cette raison, je n'avais pas fait beaucoup d'efforts pour trouver une théorie satisfaisante qui soit asymptotiquement libre. Le moment se prêtait à rapporter ma conversation avec 't Hooft. Mon ami a immédiatement compris le problème :

« Mais Giorgio, tu n'as pas eu l'idée d'utiliser la couleur, ainsi que l'avait proposé Gell-Mann ?

– Non.
– Mais ce n'est pas possible !
– Ça ne m'a pas traversé l'esprit.
– Tu aurais peut-être dû y réfléchir un peu plus qu'une demi-heure. »

Remerciements

Je travaillais depuis quelques années à ce livre, dont l'idée est née suite à quelques entretiens avec Anna Parisi. Les entretiens sont devenus des ébauches de chapitres, et j'ai choisi de rassembler et de développer ici uniquement les thèmes liés aux motivations du prix Nobel que j'ai reçu en octobre 2021. Anna n'est pas un membre de ma famille, mais je me suis volontiers laissé entraîner par elle dans divers projets de vulgarisation scientifique, et elle m'a aidé à écrire certains passages de ce livre.

Trois chapitres reprennent, avec quelques modifications, des textes déjà publiés. « Échanges de métaphores entre la physique et la biologie » et « Comment naissent les idées » étaient à l'origine des communications faites à l'occasion de deux conférences romaines organisées par l'Accademia Nazionale dei Lincei, respectivement intitulées

Metafore e simboli nella Scienza (8-9 mai 2013) et *Storia naturale della creatività* (3-4 juin 2009), dont les actes ont été rassemblés en deux volumes, en 2014 et 2010, par la maison d'édition Scienze e Lettere. « Le sens de la science » trouve quant à lui son origine dans un article publié sous le titre « *A che serve la scienza* » dans la revue *Le Scienze* à l'occasion de son cinquantième anniversaire (septembre 2018).

Les phrases placées en tête de chapitre proviennent d'entretiens accordés au fil des ans à Gabriele Beccaria et Francesco Vaccarino, Luisa Bonolis, Nuccio Ordine, que je remercie.

Enfin, je ne serais pas le scientifique que je suis sans la contribution de mes professeurs, de mes élèves et des collègues avec lesquels j'ai étudié et travaillé (il va sans dire que la recherche est aussi un phénomène collectif, un système complexe). J'ai mentionné certains d'entre eux dans les pages de ce livre ; à eux et aux centaines d'autres que je devrais mentionner ici, au risque d'oublier quelqu'un, je ne peux qu'exprimer toute ma gratitude.

Bibliographie

Les références bibliographiques des articles et sources cités dans les différents chapitres se trouvent ci-après.

Comme un vol d'étourneaux

L'article dans lequel nous avons présenté les premiers résultats de nos recherches est : M. Ballerini, N. Cabibbo, R. Candelier *et al.*, « Interaction ruling animal collective behaviour depends on topological rather than metric distance : Evidence from a field study », *PNAS. Proceedings of the National Academy of Sciences*, 105, no. 4 (2008), pp. 1232-1237.

La phrase de Max Planck citée figure dans une lettre de A. Sommerfeld adressée à N. Bohr datée du 4 octobre 1913, dans N. Bohr, *Collected Works,* vol. II, appareil critique de U. Hoyer, Elsevier Science Ltd, 1981.

Faire de la physique à Rome, il y a cinquante ans

Les articles dans lesquels Gell-Mann et Zweig proposent indépendamment en janvier 1964 le modèle des quarks sont les suivants : M. Gell-Mann, « A schematic model of baryons and mesons », *Physics Letters* 8, no. 3 (1964), pp. 214-215, et G. Zweig, « An SU(3) model for strong interaction symmetry and its breaking », *CERN Report* no. 8182/TH.401. La couleur a été introduite dans O.W. Greenberg, « Spin and unitary-spin independence in a paraquark model of baryons and mesons », *Physical Review Letters* 13, no. 20 (1964), pp. 598-602.

La métaphore du faisan et du veau apparaît dans M. Gell-Mann, « The symmetry group of vector and axial vector currents », *Physics* 1, no. 1 (1964), pp. 63-75.

Les transitions de phase, des phénomènes collectifs

Les articles de Kenneth Wilson auxquels je me réfère à propos du groupe de renormalisation sont les suivants : K.G. Wilson, « Renormalization group and critical phenomena. I. Renormalization group and the Kadanoff scaling picture », *Physical Review B* 4, no. 9 (1971), pp. 3174-3183 ; II. « Phase-space cell analysis of critical behavior », *Physical Review B* 4, no. 9 (1971), pp. 3184-3205 ; « Renormalization group and strong interactions », *Physical Review D* 3, no. 8 (1971), pp. 1818-1846 ; « Feynman-graph expansion for critical exponents », *Physical Review Letters* 28, no. 9 (1972), pp. 548-551 ; K.G. Wilson, M.E. Fisher, « Critical exponents in 3.99 dimensions », *Physical Review Letters* 28, no. 4 (1972), pp. 240-243.

Verres de spin : l'introduction du désordre

Les premiers modèles de verres de spin sont ceux proposés dans S.F. Edwards, P.W. Anderson, « Theory of spin glasses », *Journal of Physics F : Metal Physics* 5, no. 5 (1975) pp. 965-974, et D. Sherrington, S. Kirkpatrick, « Solvable model of a spin-glass », *Physical Review Letters* 35, no. 26 (1975), pp. 1972-1996.

Voici mes contributions par ordre chronologique : G. Parisi, « Toward a mean field theory for spin glasses », *Physics Letters A* 73, no. 3 (1979), pp. 203-205 ; « Infinite number of order parameters for spin-glasses », *Physical Review Letters* 43, no. 23 (1979), pp. 1754-1756 ; M. Mézard, G. Parisi, N. Sourlas, G. Toulouse, M. Virasoro, « Nature of the spin-glass phase », *Physical Review Letters* 52, no. 13 (1984), pp. 1156-1159. Quelques-unes de mes conclusions sont rassemblées dans un ouvrage, M. Mézard, G. Parisi, M. Virasoro, *Spin Glass Theory and Beyond : An Introduction to the Replica Method and Its Applications*, Singapore : World Scientific Publishing Company, 1987.

D'autres applications : G. Parisi, F. Zamponi, « Mean-field theory of hard sphere glasses and jamming », *Reviews of Modern Physics* 82, no. 1 (2010), pp. 789-845.

Échanges de métaphores entre la physique et la biologie

L'article de A.D. Sokal, « Transgressing the Boundaries : Toward a Transformative Hermeneutics of Quantum Gravity », *Social Text* 46/47

(1996), pp. 217-252, peut être lu ici : www.jstor.org/stable/466856.

Table

Cet ouvrage a été mis en page par

<pixellence>

CET OUVRAGE
A ÉTÉ ACHEVÉ D'IMPRIMER
SUR ROTO-PAGE
PAR L'IMPRIMERIE FLOCH
À MAYENNE EN AOÛT 2022

N° d'édition : 440278-0. N° d'impression : 100996
Dépôt légal : septembre 2022
Imprimé en France